区域研究与区域规划

彭震伟　主编

同济大学出版社
TONGJI UNIVERSITY PRESS

内容提要

本书较系统地阐述了区域研究和区域规划的基本原理、内容和方法。全书共分七章，包括区域及区域研究的基本概念和特征；区域规划的基础理论体系；区域规划的概念、性质、类型、发展演进及主要的规划内容；区域城镇体系规划；城市经济区与区域一体化发展；区域研究与区域规划中的方法论；区域规划的编制等。

本书可作为高等院校城市规划专业、人文地理专业的教材，也可供从事国土规划、区域规划、城市规划、土地利用规划和管理等专业工作人员参考。

图书在版编目(CIP)数据

区域研究与区域规划/彭震伟主编．—上海：同济大学出版社，1998.8(2015.7重印)

ISBN 978-7-5608-1937-2

Ⅰ．区… Ⅱ．彭… Ⅲ．①区域发展—研究②区域规划 Ⅳ．①TU981②F061.5

中国版本图书馆 CIP 数据核字(1999)第 52715 号

区域研究与区域规划

彭震伟　主编

责任编辑　沈　恬　　责任校对　徐春莲　　装帧设计　余　蓝

出版发行　同济大学出版社　www.tongjipress.com.cn

(地址：上海市四平路 1239 号　邮编：200092　电话：021－65985622)

经　　销　全国各地新华书店

印　　刷　常熟市华顺印刷有限公司

开　　本　787mm×1092mm　1/16

印　　张　10.5

印　　数　40 701—42 800

字　　数　260 000

版　　次　1998 年 8 月第 1 版　2015 年 7 月第 13 次印刷

书　　号　ISBN 978-7-5608-1937-2

定　　价　18.00 元

前　言

区域研究是对区域经济社会活动各种现象的探索，包括描述其特征、解释其成因和分析其内在机制等，是多学科、综合性的研究领域，区域规划是对区域经济建设的总体战略部署。区域研究是区域规划的基础，区域规划是在对区域进行广泛的多学科的研究基础上，提出区域社会经济开发和布局的具体安排和对策措施，两者之间相辅相成，联系密切。

本书是在同济大学城市规划专业“区域规划”课程讲义的基础上不断加以修改完善而成的，在本书的结构和内容设置上力求结合城市规划专业的特点和要求，除了区域研究和区域规划的内容外，还特别强调了城市与区域发展之间的相互协调，突出区域城镇体系规划的基本原理、内容、编制方法以及城市经济区和区域一体化发展的有关内容。

本书由彭震伟主编，各章的编写者为：第一章彭震伟，第二、第三章胡俊，第四章沈清基，第五章赵民、彭震伟，第六章沈清基，第七章陈亦清。

同济大学出版社沈恬责任编辑为本书的编辑出版花费了大量的劳动，李继军同志绘制了书中的插图，陈建新、张小奇同学誊写了本书的部分书稿，在此一并致谢。

编　者

1998年3月于上海同济

目 录

第一章　绪　论

第一节　区域的概念与类型

一、区域的概念

“区域”是个非常广泛的概念，人类的任何生产、生活活动都离不开一定的区域。由于不同的研究对象，不同学科对“区域”的概念有不同的界定。政治学认为区域是国家管理的行政单元；社会学则将区域看作是具有相同语言、相同信仰和民族特征的人类社会聚落；而经济学视区域为由人的经济活动所造成的、具有特定地域特征的经济社会综合体；地理学把区域定义为地球表壳的地域单元，认为整个地球是由无数区域组成。目前对区域比较全面和本质化的界定是由美国地理学家惠特尔西（D. Whittlesey）提出的。50 年代由惠氏主持的国际区域地理学委员会研究小组在探讨了区域研究的历史及其哲学基础后，提出“区域是选取并研究地球上存在的复杂现象的地区分类的一种方法”，认为“地球表面的任何部分，如果它在某种指标的地区分类中是均质的话，即为一个区域”，并认为“这种分类指标，是选取出来阐明一系列在地区上紧密结合的多种因素的特殊组合的”。

二、区域的基本特征

1. 区域的可度量性

每一个区域都是地球表壳的一个具体部分，可以在地图上被画出来，它有一定面积，有明确的范围和边界，可以度量。区域的边界可以用经纬线和其他地物控制。例如，我国的国界有着明确的经纬度范围，国界线用界碑来控制。

与可度量性紧密联系的是区域和区域之间在位置上的排列关系、方位关系和距离关系。如我国位于亚洲东部，与独联体国家、蒙古、印度等国相邻；上海在我国的东部沿海，西与江苏、浙江两省接壤；山东省在山西省以东，与山西省最近距离为 140km，等等。

2. 区域的系统性

区域是有系统的，区域的系统性反映在区域类型的系统性、区域层次的系统性和区域内部要素的系统性三个方面。

区域的性质取决于具体客体的性质，具体客体的多样性决定区域类型的多样性，地表上的任何自然客体、社会经济客体都要落脚到一定的区域。

每一类区域都可以分层次，有一级区、二级区、三级区等层次。以行政区为例，我国分成省、自治区、直辖市，它们又可分成县、旗，县、旗又再分成乡、镇。每一个区域都是上一级区域的局部，除了最基层的区域，每一个区域都由若干个下一级区域组成。若干个下一级区域在构成上一级区域时，不是简单的组合，而是会发生质的变化，出现新的特征。我国由 32 个省、自治区、直辖市组成，这 32 个区域组成国家后产生了新的内容：成为人口众多，面积辽阔，对世界有重大影响的社会主义国家。

每一个区域都是内部各要素按照一定秩序、一定方式和一定比例组合成的有机整体，不是各要素的简单相加。例如，每一个自然区域是自然要素的有机组合，每一个经济区域是经济要素的有机组合。

3. 区域的不重复性

按同一原则、同一指标划分的区域体系，同一层次的区域不应该重复，也不应该遗漏。行政区的区域划分如有重叠，就会引起不必要的纠纷，行政区划如果不能覆盖全地域，出现遗漏，出现"三不管"的"独立王国"，那就会后患无穷。

三、区域的类型

区域的类型根据不同的划分标准有多种划分方法。

根据地壳上的物质多样性的标准，区域可以分成自然区域和社会经济区域两大类。在自然区域中，有综合自然区、地貌区、土壤区、气候区、水文区、植物区、动物区等；在社会经济区域中，有行政区、综合经济区、部门经济区、宗教区、语言区、文化区等。

美国地理学家惠特尔西根据区域功能和内在联系程度等的不同，将区域划分为三大类。第一类是单一特征的区域，如坡度区。第二类是多种特征的综合区域，其中又可分为几个亚类：第一亚类是产生于同类过程、形成高度内在联系的区域如气候区、土壤区、农业土地利用区等；第二亚类是由不同类过程作用，形成较少内在联系的区域，如根据资源基础及其综合利用而划出的经济区；第三亚类是仅具有松散的内在联系的区域，如按地理环境要素的结合划分的传统自然区。第三类是根据人类对地域开发利用的全部内容而分异的总体区域，即为研究和教学服务的一般地理区。

任何划分标准的区域类型系统，均可再归并为两类，即根据区域内部各组成部分之间在特性上存在的相关性，将区域分成均质区和枢纽结节区。均质区具有单一的面貌，是根据内部的一致性和外部的差异性来划界的，其特征在区内各部分都同样表现出来，气候区即是均质区，农业区也具有均质区的特色，城市内部根据职能分化而出现的与周围毗邻地域存在着明显职能差别的区域如城市中成片的住宅区、工厂区、商业区、文教区等，都可看成是均质区。枢纽区的形成取决于内部结构或组织的协调，这种结构同生物细胞相似，即包括一个或多个核(中心)，以及围绕核的区域。枢纽区的内部靠核向外引发流通线路来联结周围一定的地域，起到功能一体化的作用，如城市内部商业中心和其服务范围共同形成的区域即可看成是枢纽区。

第二节　区域研究

一、区域研究的发展

人类经济社会发展的区域性差异和区域性的经济社会发展，是人类社会的共同现象。对人类经济社会活动各个方面呈现出的区域现象的探索，包括如何描述和度量区域差异性的特征、解释区域差异性的形成因素和内在机理、寻求最有利的方式促进本区域的发展，等等，实际上构成了一系列的、多学科参与的区域研究领域。

区域研究最早来源于地理学的发展，早在17世纪就出现了以区域为对象的宇宙志式的记述性的地方地理学（chorography）和小地区地理学（topography）。19世纪后期近代科学的大分化使得大量的自然、生物和社会科学从地理学中独立出来，地理学也形成了自然、人文和区域三大分支。区域问题一方面仍吸引着大批的地理学者，另一方面也引起了大批经济学、政治学、社会学、工程学和生态学工作者的关注和参与研究。经过100多年的发展，各国的区域研究团体都已先后成立，世界上大约有几百所大学的研究机构和政府部门在从事此项研究，联合国不仅成立了专门机构——地区发展研究中心，而且还频繁地召开区域资源开发和经济社会发展的专门会议。我国也在1990年创立了由不同学科、不同部门的学者、专家和政府部门的官员参加的中国区域科学协会。可以说，区域研究由于直接涉及区域规划、国土开发与整治、生产力和交通布局、区域和城市就业、住房和公共福利的地方政策等一系列重大问题，已成为当代最使多学科学者感兴趣、又深为政府和企业决策部门所关注的学科之一。

二、区域研究的特征

首先，任何一个区域都存在着自然、生物、社会、经济和生态等一系列跨区域分布的系统，其各自的运行法则和规律都是自成一体的。以自然系统的气候而言，区域的气候虽也受到其本身的海陆位置和地形因素的影响，但起主导作用的是大气系统的环流特征。再以一个地区的经济发展而言，虽然有若干区域性的因素（如矿产资源、水土资源等）在起作用，但更多的是一般经济系统要素（劳动力、土地、资本积累、技术进步和社会经济制度）有效配置和优化组合的结果。因此，可以认为，经济社会自然各个系统和区域范围的对应系统的关系，是整体和局部的关系。区域研究的基本出发点之一，就是把区域问题看作是各个系统自身运转发展的一个方面，由此也形成了区域研究的多系统特征。

其次，区域是经济社会自然多系统的地域综合，区域内多个系统在形成发展和相互并存过程中总是相互影响、相互作用的。区域研究也一直是建立在对各种区域现象因果关联的探索之上。无论从早期的环境决定论学派（认为区域的自然条件、资源和位置制约着区域经济方式、人口分布和文化特征），还是其后的文化决定论学派（或称景观学派，认为景观变化的主力是人类集群），以及成为当今热点的人类生态学派和可持续发展理论（更为强调人类对自然与生物环境的和谐发展），都可以看出，区域研究的特色即把不同起源的事物和事态看作是在特定地域上的相互联结和影响的综合作用整体，由此也形成了区域研究的综合性特征。

第三，区域内多系统由于受其本身和相互间非均质作用过程的影响，既可能在区际间形成本区域和其他区域间显著的差异特征，又可能在区域内部形成特定的空间差异和重新组合格局。区域差异或称空间差异的存在，实际上是区域研究存在的基本前提，而对区域发展和空间分布组合格局优化的不懈追求，更推动了区域研究的发展。尤其是19世纪后期近代科学的分化，促使区域研究更为注重空间分析专门技术的发展。可以认为，对区域位置、结构、类型和网络等一系列空间概念的关注和引入，是区域研究的特有方法，由此也形成了区域研究的空间性特征。

第三节 区域研究、区域理论与区域规划

一、区域研究与区域理论

区域研究与区域理论的关系，可以概括为两个基本的方面。

首先，区域理论是区域研究的理论内核。区域研究，按现代学科专业的划分，它并不是一门独立的学科，它不具有自身独有而不属于其他学科研究领域的研究对象。它所涉及的主要课题，包括经济社会自然系统的空间分布及其结构、地域中各个系统间的相互关系、以及各系统空间联系和分布的变化规律等，是地理学、经济学、社会学、政治学、生物学、气候学、生态学、工程学和规划学等共同的、各自从不同角度加以探讨和研究的基本领域。另一方面，众多区域研究工作相互间又是统一的，这种统一性的基础就是对人类经济社会活动的空间分布及其在区域中的相互关系和作用规律的基本分析思想、方法和理论观点，即区域理论。基于区域理论的重要地位，越来越多的区域研究学者开始注重从区域研究中探索区域理论，如地理学中的区域概念和空间结构理论、经济学中的区位理论和区域计量模型理论、社会学中的区域景观理论和文化地域理论、生态学中的生态社区持续发展理论等等，构成了区域研究领域中最具稳定性和包容性的核心部分。

其次，区域研究与区域理论的发展也是相辅相成的，区域研究是区域理论发展的基础，区域理论又促进了区域研究的深化和拓展。从区域研究对区域理论的基础作用而言，区域理论是区域研究发展到一定阶段的产物，是其系统化、科学化的理论概括，区域理论的更新和完善也是建立在区域研究发展和更新的基础上。另一方面，区域理论一旦形成和完善，又会大大促进区域研究的深化和拓展。如现代区域理论中的空间系统理论，从大量的区域研究中提炼出五个基本的空间要素：空间位置、距离、方向、扩展(空间广度)、继承性(动态尺度)，并认为其相互不同组合可形成空间类型、网络、流动、传播、演替、近便性等一系列衍生的空间现象，从而大大完善了区域研究的方法论基础，有利于各领域内区域研究的进一步深化发展。区域理论对区域研究的深化和拓展作用的一个重要表现反映在早期的区域研究多停留在方志式的记述阶段，而近代区域理论的出现推动着区域研究进入了解释性研究和空间量化研究的阶段；区域理论对区域研究的深化和拓展作用的另一个重要表现是促进了区域规划的产生和发展，也促使了以区域规划为代表，注重区域预测和对策研究为特征的区域研究新阶段的出现。

二、区域理论与区域规划

区域理论与区域规划，是建立在区域研究基础上的两个既紧密相关、又相互区别的研究方向。从其相互区别而言，区域理论是关于人类经济社会各项活动空间分布及其在区域中的相互关系和作用普遍规律的系统学说，其研究多从一个假想的普适区域出发，通过对空间活动要素的理论抽象，揭示某项或相互关联的几项活动的内在规律；而区域规划是在一定地区范围内对整个社会经济建设的总体部署，是区域经济开发和布局的具体安排，其研究多立足于各个具体而真实的目标区域，综合考虑区域内的自然资源和社会经济基础的各个方面，最终提出区域社会经济开发和布局的具体安排和对策措施。由此可见，区域理论以其普适性、抽象性和单要素特征，与区域规划的地区性、应用性和综合性特征构成较为明显的差异

性。

另一方面,区域规划和区域理论又是相互联系、紧密相关的。区域规划的制订必须遵循区域理论所揭示的区域发展的基本规律,它是多种区域理论结合具体区域特征的应用和发展,其科学性直接取决于所运用的区域理论的科学性。同时,区域规划的日益普及,也为区域理论的深入和完善提供了广泛的实证机会和持续的促进动力,极大地推动了区域理论向新的广度和深度发展。

本章提要:

本章介绍了区域的基本概念和类型,对区域的可度量性、系统性和不重复性等基本特征进行了阐述,概述了区域研究的发展及其特征,论述了区域研究、区域理论与区域规划之间的相互关系。

参考文献

1. 艾德加·M·胡佛,弗兰克·杰莱塔尼.区域经济学导论.上海:远东出版社,1992 年
2. 程必定主编.区域经济学.合肥:安徽人民出版社,1989 年
3. 胡兆量等.经济地理学导论.北京:商务印书馆,1987 年
4. 陆大道.区位论与区域研究方法.北京:科学出版社,1988 年
5. 于洪俊,宁越敏.城市地理概论.合肥:安徽科学技术出版社,1983 年
6. W·艾萨德.区域科学导论.北京:高等教育出版社,1990 年

第二章　区域规划基础理论体系

第一节　区域资源差异与分工协作理论

区域发展与区际贸易间密切的因果关系，是区域理论最早涉及的研究领域之一。从本质上看，经济发展是资源合理配置的结果，而资源的合理配置最简单的方法是不同区域间禀赋差异的资源相互流动和优化组合。因此，区际贸易及其基础上的区域分工协作理论一直被认为是地区经济的发动机，并在区域规划中确定区域发展方向及合理的产业结构方面具有直接的指导意义。在理论学说史上，区域资源差异与劳动分工理论主要包括了古典经济学派斯密的绝对利益说和李嘉图的比较利益说、现代经济学瑞典学派赫克歇尔-俄林的资源禀赋说以及林德尔的偏好相似说、普雷维什的国际贸易条件理论和迈因特的“剩余的出路”理论等等。

一、古典学派理论

1. 绝对利益说

古典经济学的创建者亚当·斯密(A.Smith)是最早系统研究国际(区际)贸易和分工协作问题的开拓者。斯密所处的时代正是工场手工业向大机器生产过渡的前夜，是资本主义向上发展的时期，他从工场手工业中看到了分工的利益，从而引起对地域分工的研究。斯密在其1776年发表的《国富论》一书中，提出了“绝对利益说”。该学说认为，国际(区际)贸易起因于商品的成本差异，而成本差异又是各自区域的自然优势(气候、土壤、矿产资源等)或“获得性”优势(后天形成的生产技术的技艺)所形成的。区域成本差异的存在导致了区域商品的价格优势和成本优势，并导致了区域生产的绝对利益。该学说结论认为，如果不同区域能按照各自的优势生产商品，并在贸易中遵从自由贸易政策，区域的商品生产总量和各自所得都会增加。

2. 比较利益说

斯密学说的发展者大卫·李嘉图(D.Ricordo)在1817年出版的《政治经济学及赋税原理》一书中，提出了更为完善的“比较利益说”，他认为即使在一个国家(或区域)各个产业的产品成本都优于另一个国家的条件下，通过合理分工生产各自比较优势的产品，国际(或区际)分工和贸易仍能使双方得到好处。

斯密和李嘉图的学说对于实际异常复杂的经济活动虽过于简化，但仍深刻地揭示了区域分工协作和自由贸易的积极意义，并提出了依据各自劳动生产率和劳动成本的差异进行互利发展的基本思路，成为经典的区域分工和贸易理论的源泉。

二、现代学派理论

1. 资源禀赋说

现代区域经济分工、协作和贸易理论的发展，是以赫克歇尔（I. G. K. Wicksell）-俄林（B. G. Ohlin）的资源禀赋说为核心的。这一理论由瑞典经济学家赫克歇尔在1919年率先提出，后由俄林在1933年出版的《区际贸易和国际贸易》一书中加以发展。该学说认为，区际贸易和分工协作的首要条件是各项商品由于生产要素的禀赋差异，能在某地区比其他地区更经济地生产出来；根据这些商品所含生产要素程度种类不同，可把各类商品大致分为劳动密集型、资源密集型、资本密集型及技术密集型等几类；区际贸易的流向以要素禀赋的密集度为重心，向稀缺要素地区倾斜，由此形成最佳的区际分工协作格局。

资源禀赋学说逻辑结构严密，是以现代经济学和供求价格理论为基础综合考虑土地、劳动、资本等经济发展的基本因素推导而出，其结论可进行几何学和数学推导，从而成为现代区域经济分工协作的基础性理论。

2. 现代区域分工与贸易理论的发展

围绕着对资源禀赋学说的质疑和完善，现代区域分工和贸易理论有多方面的发展。其一是瑞典经济学家林德尔（E. R. Lindahl）的偏好相似理论。该理论认为，现代区际贸易的定向和资源禀赋论的结论并不尽然相等，其表现是经济条件相似的国家之间的贸易机会实际上并不低于那些生产要素互补性的国家之间的机会，因此，区际贸易不能只偏重供应能力，即偏重成本优势来说明贸易的起因。林德尔的理论认为，出口产品的生产推动力首先来自国内市场，是技术创新领先和国内市场饱和的结果。区域需求结构是区域收入水平高低的反映，相同需求结构的区域之间贸易机会和数量更为突出，从而从需求方面补充了资源禀赋理论的不足，并揭示了区域经济发展的动态赶超的可能性。

其二是迈因特（H. Myint）的“剩余的出路”理论。早在亚当·斯密时代，英国经济学家约翰·穆勒（J. S. Mill）就提出了“剩余的出路”这一概念，缅甸经济学家迈因特1958年对此进行了系统的分析，他认为，不同区域都不同程度地存在着剩余的生产能力，通过区际贸易刺激剩余能力的出路，开辟大宗产品，其作用不仅仅是得到区际比较利益，更重要的通过区际间的技术、文化、创新的交流和竞争，起到全方位地推动区域产业结构优化和经济增长的积极作用。迈因特的理论在解释国际贸易的规模和作用上无疑比比较利益理论更为可信和深入，并为发展中地区经济赶超提出了出口代替增长的全新思路。

其三是普雷维什（R. Prebish）辛格（H. Singer）的贸易“中心-外围”论观点的出现。他们从国际（区际）贸易条件（交换关系）出发，认为贸易条件的不均等会产生贸易利益分配上的不均等。当今国际经济体制由于技术成果利益分配不均和初级产品与制成品的收入弹性差异，事实上存在着发展中地区和初级产品出口地区贸易条件的恶化，从而形成由发达国家为中心控制着发展中国家组成的外围地带的“中心-外围”结构。区际分工和贸易对外围地区而言，不但难以成为经济增长的发动机，反而成为他们的贫困化加剧的主要原因。普雷维什和辛格理论的重要特点是从区际收支角度而不仅仅是资源禀赋差异状况来考察区际分工、贸易和发展的关系，其主张的发展中国家应广泛采用非初级产品出口的进口替代策略虽失之偏激，但实际上仍为这一领域的理论发展提供了改善区际贸易条件、调整区际分工利益的新课题。

三、区域发展战略

区域资源差异和分工协作的理论，曾先后影响了各国和各地区的经济发展策略和发展规划的实践。在本世纪50～60年代，不同发展中国家在区际分工方面的策略曾分化为三种不同的思路，即初级产品出口导向战略、进口替代战略、制成品替代初级产品的出口导向战略或称出口替代战略。

1. 初级产品出口战略

初级产品出口战略是一种低层次的发展模式，它强调发展中国家和地区以本区域廉价劳动力开发自身盛产的农、矿、特产等初级产品，出口换汇再进口制成品。在这一贸易层次上，发展中地区的初级产品由于禀赋资源的原因相对于本区的制成品在国际市场上有明显的比较优势，但是，由于普雷维什理论所揭示的初级产品贸易条件的严重恶化，加之许多发展中地区的初级产品本身不是过多，而是稀缺。因此，这一战略往往是发展中地区在本区经济落后，制成品在国际市场上缺乏竞争力的条件下被迫采取的，也往往作为经济发展的开端。如不较快调整而长期采用这种战略，势必延缓本区域经济现代化发展的进程。

2. 进口替代战略

进口替代战略的理论基础是普雷维什的贸易条件理论，它强调通过本国制造来替代进口的制成品，以保护民族工业和实现地区工业化。典型的进口替代战略首先确定区内有广大消费市场的产业部门，设立产品进口关税或限额壁垒，并提供优惠政策吸引外资进入合作设厂生产，期望使自身幼年工业逐渐成熟，最终参与国际市场竞争。从实践效果上看，进口替代战略出现了三个始料未及的问题，一是工业保护政策造成了价格高昂而质量低劣的国内产品，导致了资源使用上的无效率；二是外资跨国企业的参与，多进口国外的制成品和中间产品，而大量的利润却通过转移支付形式流向国外，对本国其他经济部门产生的前向、后向的联动效应十分微弱。因此，大部分拉美国家的进口替代策略成效并不显著，没有效率的进口替代工业实际上对地区工业化的进程起了阻碍作用。

3. 出口替代战略

相比初级产品出口战略和进口替代战略而言，制成品的出口导向战略则更为灵活和更有效益。这一战略所鼓励的产品出口，既包括以劳动密集型工业制成品的出口，替代传统的初级产品出口，又包括更高层次的技术密集型工业制成品的出口替代初级产品出口。这一战略实施的优点在于：① 有利于在更经济的层次扩大发展中地区的外汇来源，从而有利于重组本地区的生产要素组合；② 可以超越国内市场的限制，解决“剩余的出路”，这对克服小规模不经济的地区而言显得尤为重要；③ 由于偿还可靠，对外国投资有较大的吸引力；④ 更为重要的是，它在提供更多的就业、带动整个经济规模效应和更有效率的发展方面影响巨大。这一战略的推行，尤为强调因地制宜地形成本区域的领先产品和大宗产品，既采用了资源禀赋理论的基本思想，又吸收了林德尔、迈因特和普雷维什理论的合理部分，已成为现代应用性极广的区域发展战略之一。本世纪60年代以后，“亚洲四小龙”均采用了这种战略，并都取得了显著成效。区域规划中曾广泛推行的“一域一品”运动（即某一小区域努力先发展和培植资源、技术、工艺或市场领先的某一产品），实际上也可视作这一战略的发展和应用。

第二节　区域产业结构的关联和地域生产综合体理论

区域产业结构关联理论和地域生产综合体理论，是和区域劳动分工协作理论相互对应和补充的一组区域理论。任何一个区域的效益化发展，都表现为地区生产的专业化与综合化的有机结合，即以区域经济分工协作的专业化方向为基础，依托产业结构的关联形成地域高效益的生产综合体，并通过区际间的交流和竞争，提高整个区域经济的不断发展。因此，区域产业结构的关联理论和地域生产综合体理论，对区域规划中组织区际分工、扩展产业效应以及带动整个区际经济的发展都具有重要的指导意义。

一、区域产业结构关联理论及其应用

1. 区域产业结构关联理论

区域的产业结构，是指区域内部各种产业在一定时期内稳定占有产品和资源的比重。在经济学说史上，早在17世纪末就由英国经济学家配第(W. Petty)首先提出了以产业结构来研究经济发展的构造。其后克拉克(B. Clack)和库兹涅茨(S. Kuznets)又进一步以产业分类知识，研究了产业的产生、成长和关联。而在产业间技术经济关系的研究方面最为系统化的是美国经济学家赫希曼(A. O. Hirschman)和日本经济学家尾崎岩。赫希曼在其1958年出版的《经济发展战略》一书中，强调了一个产业的出现，可能给其他产业活动产生不同效应的直接或间接影响，并把这种产业间的关联，划分为前向效应和后向效应两类。前向效应是指某个产业出现后，其产品能作为其他产业的原料供应者，促使产业的延伸和发展。后向效应是指某个产业出现后，引起对原料的其他产业产品的需求，刺激原料产业的萌生和发展。尾崎岩依据赫希曼的产业关联概念和列昂节夫(W. Leontief)的区域产业间的投入产出模型，进一步研究了各类产业的技术特点及关联结构上的特征，将各类产业划分成大容量处理型(电力、煤气、石油产品、钢铁、化纤、初级产品等)、大规模装配生产型(船舶、汽车、机械、纺织等)、资本使用型(造纸、水泥、化肥、煤炭制品、烟草等)、收益稳定型(农林渔业、煤炭、石油、木材加工等)、劳动使用型(建筑、食品、运输、橡胶、玻璃制品等)和劳动使用兼具资本弹性型(皮革、家具、医药、服装、批发零售、金融保险等)六大类型，并把前三类归并为资本集约型产业，后三类归并为劳动集约型产业，从而提出了不同产业结构群的关联规律：原料产业采用收益稳定型技术，中间产品产业采用大容量处理型和资本使用型技术，生产资料产业采用大规模装配生产型技术，消费资料产业采用劳动使用型技术等。

2. 区域产业结构关联理论的应用

区域产业结构关联理论在区域规划实践上的意义，主要是根据技术经济联系效果大小确定区域经济发展中承担主要任务的“中心产业”，这方面在区域规划理论中曾出现了均衡增长理论和非均衡增长理论之争论。均衡增长理论的倡导者纳克斯(R. Nurkse)认为，低收入的发展中地区产业发展受需求不足的限制，单独对某一产业的投资会遇到产品难以销售的困难，提出只要对广大范围内的各种产业，按相关比例同步投入资本，就可全面地创造和扩大市场，消除发展的市场瓶颈。不均衡增长理论的倡导者赫希曼认为，发展中地区束缚经济发展的主要因素是企业家的投资决策能力偏低，解决的关键是促成一种积极有效的投资倾向，提出经济发展可通过集中投资发展若干特定产业部门，借助先发展产业与其他产业间

突出的前向和后向联系效应，自然迫使其他部门随之发展。其后大量学者的进一步研究和验证认为，平衡发展和不平衡发展是区域产业结构高级化的两个过程，平衡的目标要借助非平衡的过程来实现，非平衡的发展最终是以产业平衡为目标的。即使在实行非平衡发展时，也要注意该部门与其他部门的协调，寻求稳定有序的结构。如约特保罗斯的研究表明，区域经济发展中，若各产业增长相对平衡，并且关联效果大时，增长率就高。这一研究也被称为区域产业结构的“均衡-连锁”理论。

二、地域生产综合体理论

地域生产综合体是依循区域产业结构关联和区际分工协作的基本思想，由前苏联地理学家巴朗斯基、科洛索夫斯基等率先提出的。它是指在一定区域范围内，根据国民经济发展的需要和地区资源的特点，围绕一个或若干个具有区际意义的专业化部门（或企业），发展起与其配套协作（直接或间接的）或有其他技术、经济联系的工业部门以及必要的区域性公用工程，共同组成一个密不可分的生产有机体，各部门间相互依存，相互促进，以实现对地区资源的最大可能的开发和最大效益综合利用。地域生产综合体这一区域经济组织形式，在以前苏联为首的社会主义公有制计划经济体制的社会主义国家经济计划和区域规划实践中得到了普遍的应用。以前苏联为例，从本世纪30年代开始组建的第一个乌拉尔-库兹巴斯综合体起，迄今已在西伯利亚和远东地区先后建立了煤炭、冶金、油气、木材、动力等各类综合体20余个，取得了较为明显的效果。无独有偶，在许多实行市场经济的资本主义国家和部分发展中国家，随着战后经济复兴中国家干预力度的增加，也出现了与地域生产综合体理论相似的工业综合体理论和大量的国家资助的地区综合开发规划的实例。如美国在本世纪30年代进行的田纳西流域综合开发与治理工程（TVA），就是通过对流域地区的综合规划开发，以水力电力为中心，协调布置了航运、灌溉、旅游、农林业及大量延伸产业，创造了大量的就业机会，促进了地区经济的飞速发展，同时也使流域环境得到了极大改善。

西方工业综合体理论的集大成者是美国著名区域学者艾萨德（W. Isard），他在1959年出版的《工业综合体分析与区域发展》一书中，明确提出工业生产综合体是布局于一定区域的一组工业活动，他们属于同一个集团，该集团因技术、生产、市场和其他联系而给每项工业活动都带来相当程度的利益。艾萨德选择了一个矿产资源、土地资源和资本资源十分贫乏，而仅有一定的廉价缝纫劳动力优势的岛国波多黎各，通过大量的比较成本分析，最终提出了著名波多黎各工业综合体方案：利用委内瑞拉石油（最接近的资源）生产化肥（替代从墨西哥大量进口化肥），生产合成纤维及其他同类产品（充分发挥廉价缝纫劳动力优势），而在大西洋东海岸市场出售产品（发挥优于除美国本土以外的其他廉价劳动力地区的免税优势）。艾萨德的工业综合体理论涉及到区域生产企业、商业市场、运输方式、社会政策和环境生态各个方面，与产生于前苏联的计划经济条件下的社会主义国家地域生产综合体理论相得益彰，共同构成现代区域规划基础理论体系的重要组成部分（图2-1，2-2）。

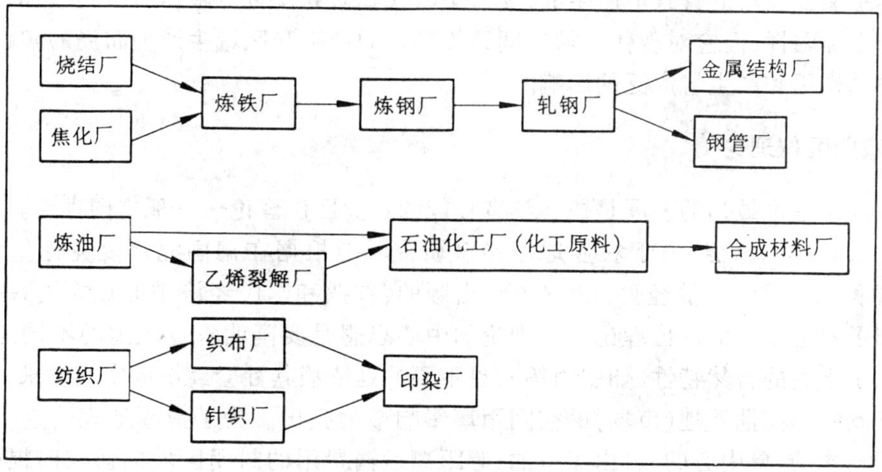

图 2-1　以生产联合化集聚形成组成的工业区

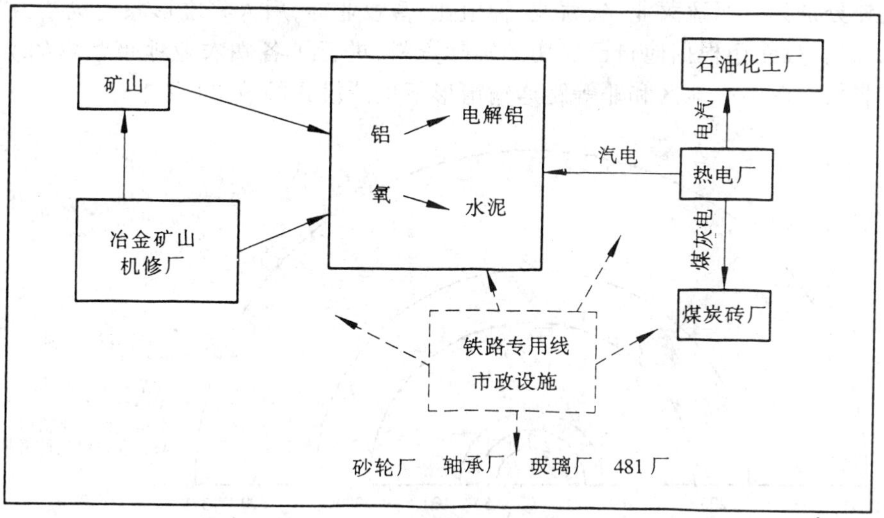

图 2-2　围绕一个大型企业集聚而形成的复合型工业区

第三节　产业空间布局的古典区位理论

区位理论是以研究人类社会不同经济活动空间布局规律的一系列理论的统称。依据不同的研究客体，各种区位理论可划分为农业区位理论、工业区位理论和商业服务业区位理论三大类，其中，杜能(J.H.Thünen)的农业区位论、克里斯泰勒(W.Christaller)的中心地理论和廖施(A.Lösch)的市场区位论分别是各类区位理论的代表之作。各类区位理论，一般具有如下的共同特点：研究对象是单个或某一领域经济客体的区位选择，如工业企业的布点、农业种植地带的配置、商业服务业的布局等；研究方法是在一定的假设前提下的纯理论抽象推导，着眼点仅在于经济客体在各有关区位因素作用下的空间分布法则，而基本不涉及动态变化。因此，又可称之为静态的区位理论或古典区位理论。就总体而言，古典区位理论都是在近代资本主义大发展的背景下产生的，受历史时代和研究视野所限，在现实复杂的经济应用上仍有一定局限性，但它对现代区域空间结构理论的产生和区域生产力布局的实践，起到了巨大的推动作用和产生着广泛的影响。

一、农业区位理论

古典区位理论最初的发展是德国学者杜能的农业区位理论——孤立国理论。杜能出生于庄园主家庭，早期就致力于农业地域经济研究。他根据在德国北部麦克伦堡（Mecklenburg）平原长期经营农场的经验，在1826年出版的《农业和国民经济中的孤立国》一书中，系统地提出了农业布局的区位理论。该理论的中心思想是要阐明农业土地的不同经营方式，不仅取决于土地的自然特性（如肥力等），更重要的是依赖其社会经济的空间要求，其中尤以不同用地到农产品消费地（市场）的空间距离影响最为突出。为了清晰地表述这一观点，杜能假设了均质的、单中心的、自由竞争的、等距离运输费用的封闭区域的研究前提（即"孤立国"模式），并从农产品的销售价格、生产成本、运输成本和利润的均衡关系出发，最终推导出围绕着封闭的市场中心，农业土地的经营方式按集约化程度的高低呈同心圈状的空间规律，即由内及外分别为牛奶蔬菜业、炭薪业、种植业、畜牧业等，后人将之形象地概括为"杜能圈"模型（图2-3）。杜能还根据他自己农庄的实际资料，进行了各圈农业地带距离的实际分析，并提出在非均质多中心地区和非等距运输情形下理论模式的改进（图2-4）。

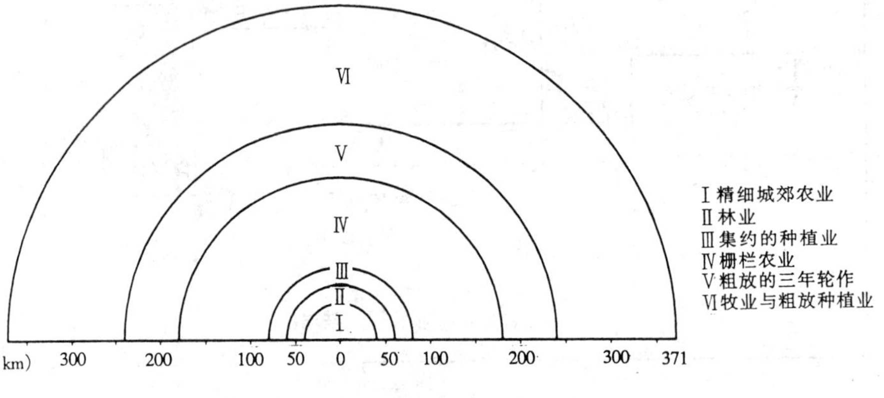

图2-3　杜能的同心圆经营圈

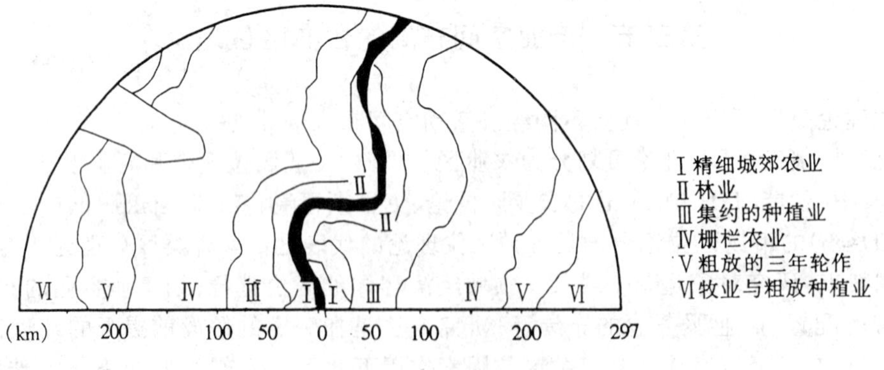

图2-4　由通航河流改变了的"杜能圈"模型

由于杜能理论是严格建立在特定历史条件下的，随着社会生产力的进步和农业技术的发展，其与现实存在的农业区位间的差异也越来越大了。但杜能理论的突出贡献在于两点，其一是它以抽象的理论演绎和对空间区位的关注奠定了区位理论基本的研究思想；其二，它首先透彻地分析揭示了区位级差地租的存在，这也成为现代各种区位理论，尤其是城市空间结构理论的基础。

二、工业区位理论

随着19世纪近代工业的大发展，从19世纪下半叶起，工业区位理论逐渐成为古典区位理论研究的主流。1885年德国学者龙哈德(W. Launhard)发表《国民经济学说的数学论证》，提出了工业企业布局因素中的"重量三角形"和"价格漏斗模型"。在他的"重量三角形"中，两个点代表原材料的来源地，第三点代表产品出售的市场，在三角形中找到向三个顶点的直线交点而吨公里数之和又是最小的位置即为最优区位(图2-5)，再结合反映运费与销售距离关系的漏斗式的价格关系，从而形成了龙哈德的最小费用区位理论(图2-6)。在龙哈德的理论之后，又出现了以韦伯理论和廖施理论为代表的大量的工业区位理论。同农业区位理论相比，工业区位理论开始引入了区位因子的分析概念，对更为复杂的近现代工业企业布局进行了更为严密的分析。依据对不同区位因子(原料、市场、运输费用、劳动力、集聚经济、外部经济、企业家行为、场地费用和政府干预程度)重视程度的不同，这些数量繁杂的工业区位理论又可进一步划分为最低成本学派、运输费用学派、市场区位学派和社会行为学派等四类，其中以最低成本学派影响面最大。

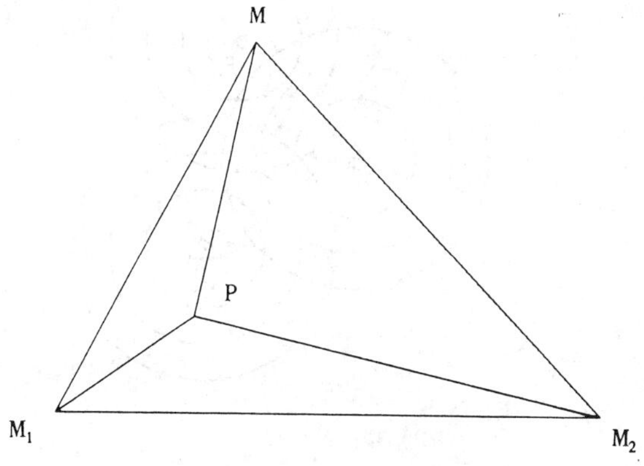

图2-5　龙哈德的工业区位三角形

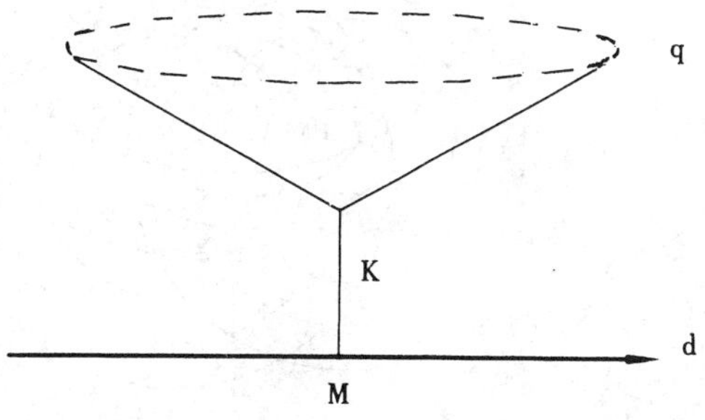

图2-6　龙哈德的"价格漏斗"

1. 最低成本学派

工业区位理论中的最低成本学派是工业区位理论发展历史最早、影响最广泛的研究流派，其共同的出发点是寻求最低成本的工业生产区位。虽然这一研究思想在龙哈德的著作中已初露端倪，但全面系统的理论建立者是又一位德国经济学家阿·韦伯(A. Weber)。韦伯在其1909年出版的《论工业的区位》一书中，力图建立一个适用于任何工业部门和政治经济制度的具有普遍意义的工业区位"纯理论"。首先，他提出了影响工业布局区位因素的概念，即在地理点上能对工业企业起积极作用和吸引作用的各种因素，并通过连续舍弃法推导出一般性的区位因素仅为运输费用、劳动力费用和集聚力三项；其次他认为运输费用对工业的基本定向起最有力的作用,并通过原材料系数这一中心概念和区位多边形的范力农构架法推导出工业区位的基本图形(图 2-7);再次,他采用了等费用的概念引入劳动力费用,进行区位图形的第一次变形;最后再引入纯“集聚”的概念(排除他称之为“偶然性”集聚的大城市、港口、运输枢纽集聚情形),进行区位图形的第二次变形(图 2-8),并由此完成了其自成一说的理论体系。

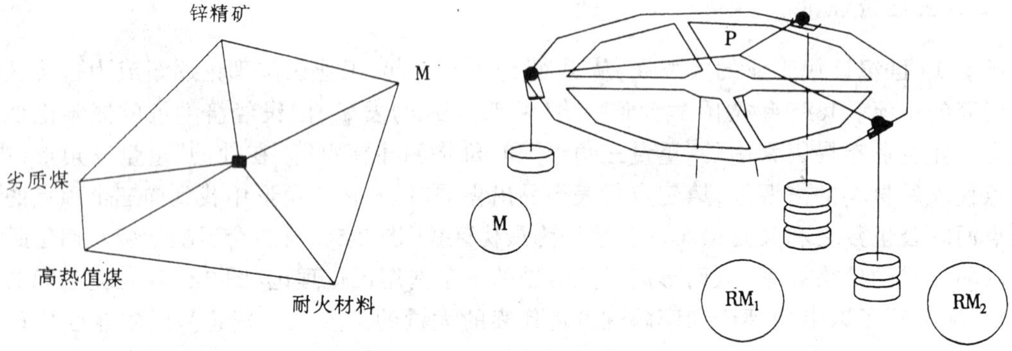

(a) 工业区位多边图形　　(b) 范力能构架

图 2-7　韦伯的区位模型原型

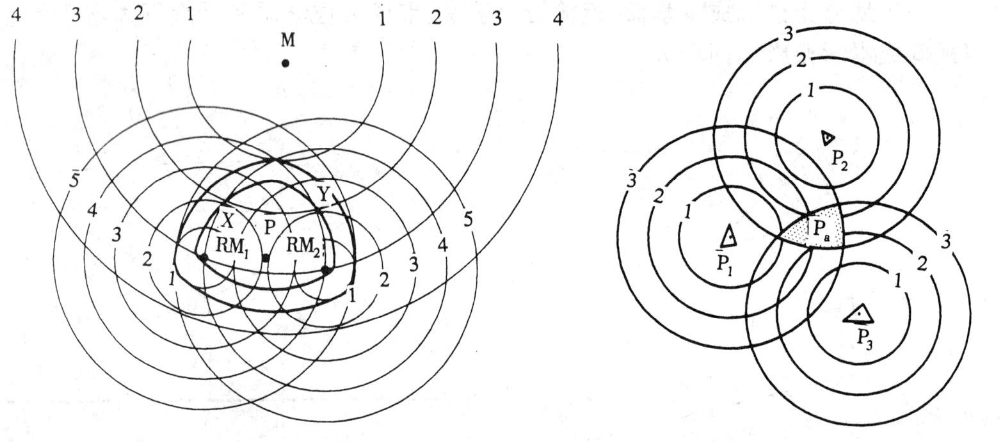

(a) 等费线结构　　(b) 集聚区的发展

图 2-8　韦伯工业区模型

韦伯的理论思想和区位模型几十年来一直为许多学者所推崇,其突出的贡献主要有:① 第一次引入“区位因素”的概念,并进行了全面的分类研究;② 提出了原材料系数概念,对运输费用的区位多边形分析十分透彻;③ 创造了等费用线的研究手法,并首次提出了集聚力的重要影响。可以这么认为,其后各种流派的区位理论,都是围绕着对韦伯理论的验证、完善或质疑而发展起来的。

2. 运输费用学派

工业区位理论中的运输费用学派,是在对韦伯理论关于运输费用影响区位的作用方式进行修正和完善过程中发展起来。美国空间经济学家胡佛(E.M.Hoover)在其 1948 年出版的《经济活动的区位》著作中首先提出了运输费用结构理论,将运输费用划分为由装卸费用和线路营运费用两部分组成，由于包括仓库、码头、营业机构、维修等开支的装卸费用不受运行里程影响，因此，不同运输方式都存在着不同技术特征的运输费用递减现象，从而修正了韦伯理论中运费与距离成比例的基本图形(图 2-9)。胡佛的理论还提出了运价率的概念，考察了在中转运输、回空运输，便于运输各种情形下的运价率的变化，从而论证了企业布局区位中的中转点现象，提供在港口区和交通枢纽转换点发展工业的理论依据，这实际也是对韦伯理论中排除“偶然性集聚”的重要修正。

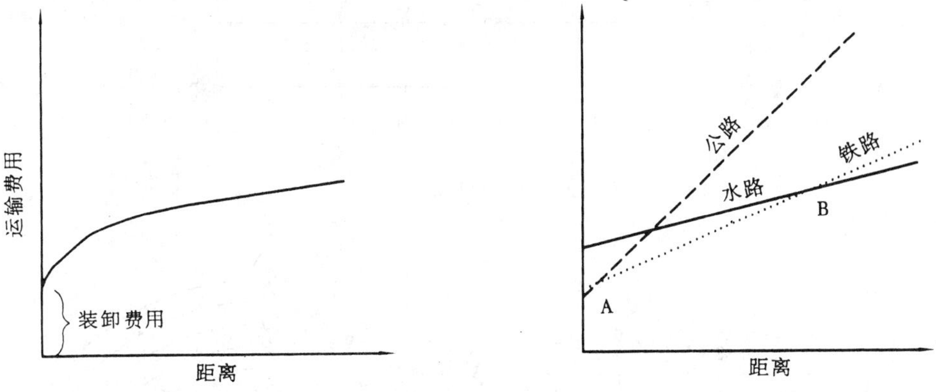

(a) 运输费用与运行距离　　(b) 各种运输方式按运距比较

图 2-9

继胡佛之后，美国学者赖利(W.J.Reilly)在 1973 年又提出了交运货物运费计算的不同价格政策，即有按出厂交货定价、按统一空间点定价和在全国或区域的统一牌价等三种方式，都对工业区位产生新的影响，如全国统一牌价交货政策，促使工业企业为避免自身费用支出，尽可能定位于市场中心(图 2-10)。

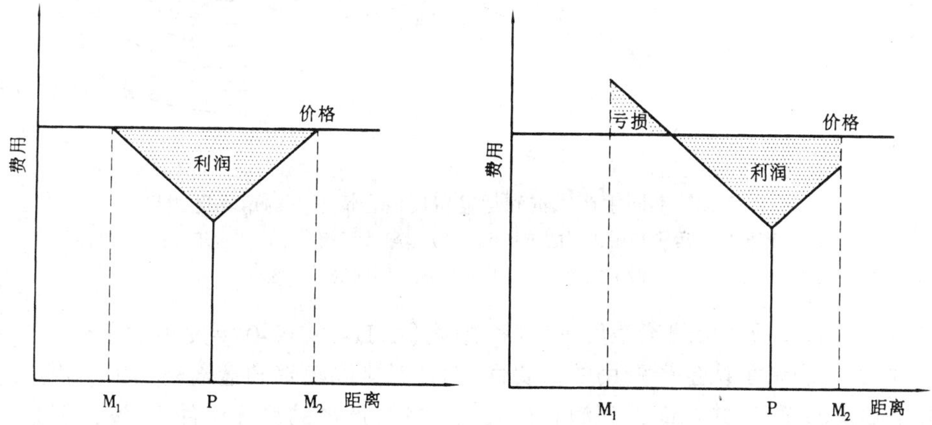

(a) 最优工厂区位　　(b) 非最优工厂区位

图 2-10　统一牌价下的工业区位

3. 市场区位学派

市场区位学派的工业区位理论认为，最低成本学派理论的重大缺陷是建立在“销售问题已经解决”，即产品价格固定，需求无限的前提下，没有考虑到消费需求因素对工业区位的基本影响，而在现实的世界中，企业都无法忽视竞争者的市场分割，并推行一种控制最大可能市场区的配置策略。因此，寻求能产生最大利润的市场区位，才是工业区位理论最根本的问题。

早在 1878 年，夏佛尔（A. B. F. Schäffle）就提出了一种预期两个中心市场（或城镇）之间的市场区划分的断裂点(break point)模式（图 2-11)，其后，费特（F. A. Fetter）在 1924 年明确了市场区扩大和企业成就间的密切关系，并分析了在不同生产成本和运输费用组合情形下市场的边界（图 2-12)。

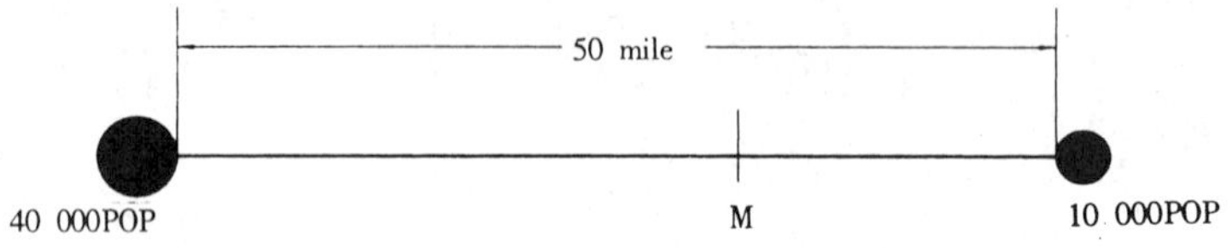

图 2-11　断裂点模式

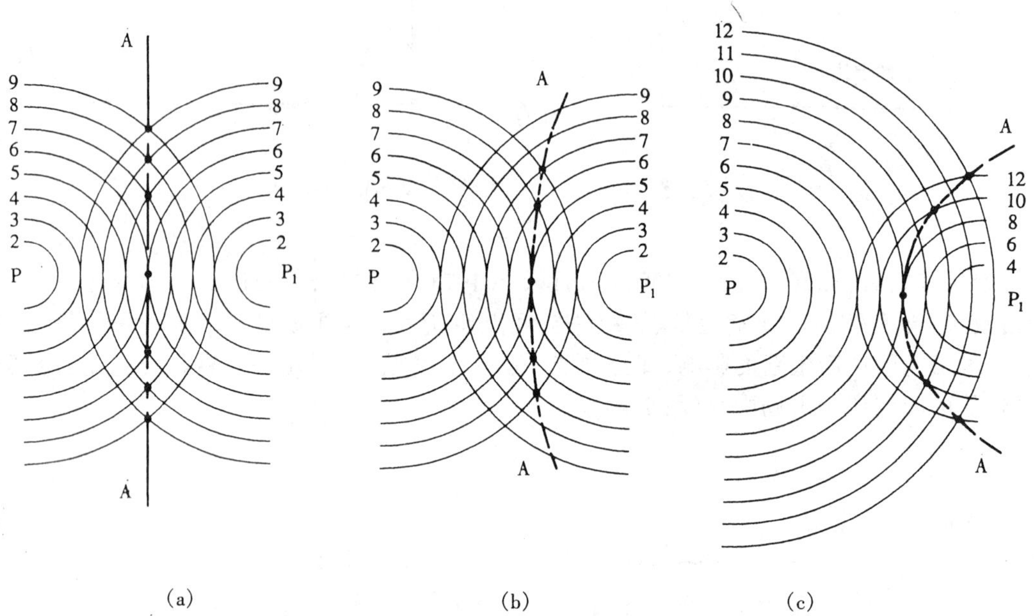

图 2-12　不同生产成本和运输费用组合情形下的市场区边界

(a) 生产成本与运输费用相同的市场区；(b) 运输费用相同生产成本不同的市场区；

(c) 生产成本相同运输成本不同的市场区

最为系统的市场区位理论是奥古斯特·廖施（A. Lösch）1940 年发表的著作《经济的空间分布》。廖施的理论承认生产费用的重要性，但他对排除集聚和运输外的生产费用的空间差异进行了必要的简略，并在最大利润和最大数目的生产者的目标条件下，设计了多企业相互竞争、总体均衡、可求解的区位方程，并得出了生产最佳配置点是一系列分离点的前提结论。其次，廖施理论提出了单个企业产品市场区的概念，并认为市场需求和销售价格（可简略为与运输成本正相关）存在着反比递减的需求曲线和需求圆锥体（图 2-13)。再次，廖施理论进一步推导了多个市场区相互作用形成六边形市场网的最有效形态，并对人口连续分布和非连续分布的不同情形进行了量化分析，提出不同产品具有不同规模的市场网。最后廖施理论将不同市场网相互叠合，使其最少具有一个共同点（往往成为大城市)，并旋转错合，形成六个生产点较为集聚和六个生产点较为分散的扇面(图 2-14),从而推导出一个个多以大城市为中心、市场区和生产点竞争配置的区域空间经济网络。

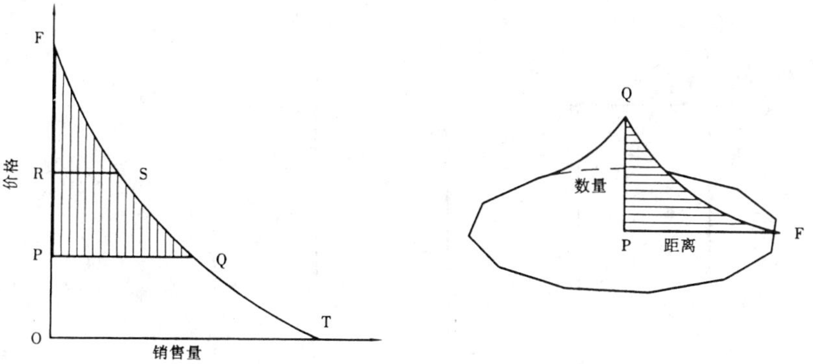

(a) 需求曲线　　(b) 需求圆锥体

图 2-13　廖施的单个企业产品的市场区概念

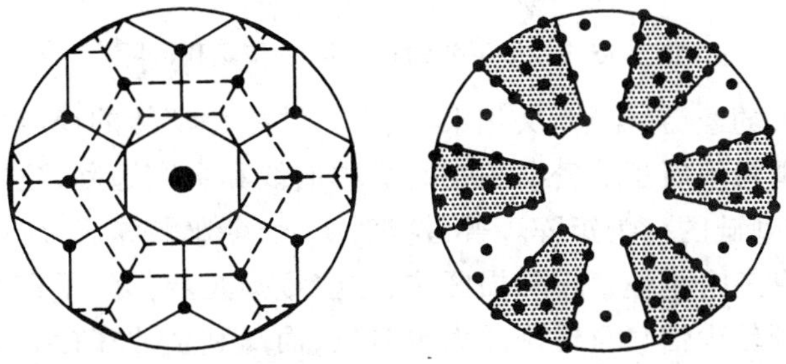

(a) 三层网体系　　(b) 无网齿轮

图 2-14　廖施的区域空间经济网络

继廖施理论之后,市场区位学派理论仍有进一步的修正和发展。1958 年罗斯特朗(E.R.Ronstron)提出,企业的区位选择很少有确切知道其所在点成本最低或利润最大的,大多数只知道在哪些地区可以赢利,而在另一些地区将产生亏损,因此,区位选择更切合实际的方法多是根据产品的成本结构来识别由赢变亏或由亏变赢的边际地带,一般称为赢利边际理论。其后,史密斯(D.M.Smith)建立了空间成本曲线,进一步清晰了盈亏变化的区域和质变点的识别(图 2-15)。针对廖施理论认为产品市场被各企业占领之后,新企业再难出现的假定,又有学者提出了在企业自由进出区域情形下,新企业进入老企业的市场区并获得最大利润的自由开放理论,认为新企业的布点区在距市场边界的 1/3 处,并以老企业的销售价格出售产品其利润最大。

4. 社会行为学派

工业区位理论中的社会行为学派,是针对成本学派和市场学派排除社会-文化方面因素,并假定企业家是能充分掌握各有关因素的"合理经济人"这一缺陷而修正和发展起来的。他们认为,实际上国家的区域政策、不同地区差别的利息和地租、理想的文化活动环境、日新月异的新技术应用等一系列社会文化因素,都有可能通过企业家的行为决策而明显地影响到工业区位。这一学派的倡导者阿伦·普雷特(A.Pred)在 1967 年出版的《行为与区位》一书中系统地分析了企业家的决策能力,把它看作是一系列心理因素的作用,这些因素包括他所

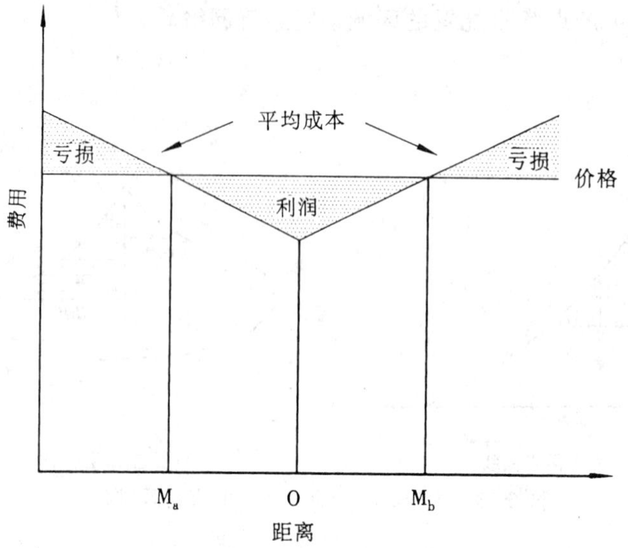

图 2-15 价格不变的最优区位和赢利边际

追求的成功程度、过去的经历、年龄、文化水平、个人性格和情绪的稳定性等等。为了说明行为怎样影响区位，普雷特发展了史密斯的空间成本曲线和赢利边际，建立以企业家的信息掌握质量和使用能力为基础的行为矩阵。普雷特对 13 个企业的深入分析表明，没有一个企业分布在最优区位，且有三个企业落在亏损区位，这些亏损企业都位于行为矩阵顶部靠左方格内，因为它们只掌握到较少信息且使用能力也较低，而赢利企业在行为矩阵图形中的位置却恰恰相反(图 2-16)。

三、中心地理论

商业服务区位理论的发展和市场区位学派的工业区位理论密不可分的，但在研究的出发点上两者存在着本质的差别。正如杜能理论和韦伯理论分别占据着农业和工业区位理论的中心一样，商业服务业区位理论领域也存在着一个中心理论，即由德国地理学家克里斯塔勒(W. Christaller)提出的中心地理论(central place theory)。克里斯塔勒在研究了德国南部的聚落分布后，于 1933 年在他的《德国南部的中心地》一书中首次发表了这一理论。克氏的中心地概念，是指相对于一个区域而言的中心点，而这一中心点的基本功能是向区域内各点提供具有中心功能的商品和服务，如零售、批发、金融、行政、管理、专业服务和文化娱乐等，因而也往往表现为区域内的中心城市或聚落。

克氏的中心地理论，继承了杜能和韦伯研究理论基本的"孤立国"式封闭均质区域假设，首先界定了中心地、中心地功能和中心度的概念，提出了不同等级其中心度划分的基本依据。其次，该理论分析不同商品和服务的由中心地维持供应在空间上的销售范围(最大距离)和市场规模上的需求门槛(最低阈值)，建立了销售利润与需求门槛和销售范围的盈亏关系(图 2-17，图 2-18)，并推导出六边形销售服务区的经济合理性(图 2-19)。再次，该理论认为不同等级的中心地可按三种不同的功能控制关系(市场原则、交通原则和行政原则)构成不同的等级数量体系(分别为 K3，K4 和 K7 系统)，在空间分布上也具有不同的结构形态(图 2-20)。

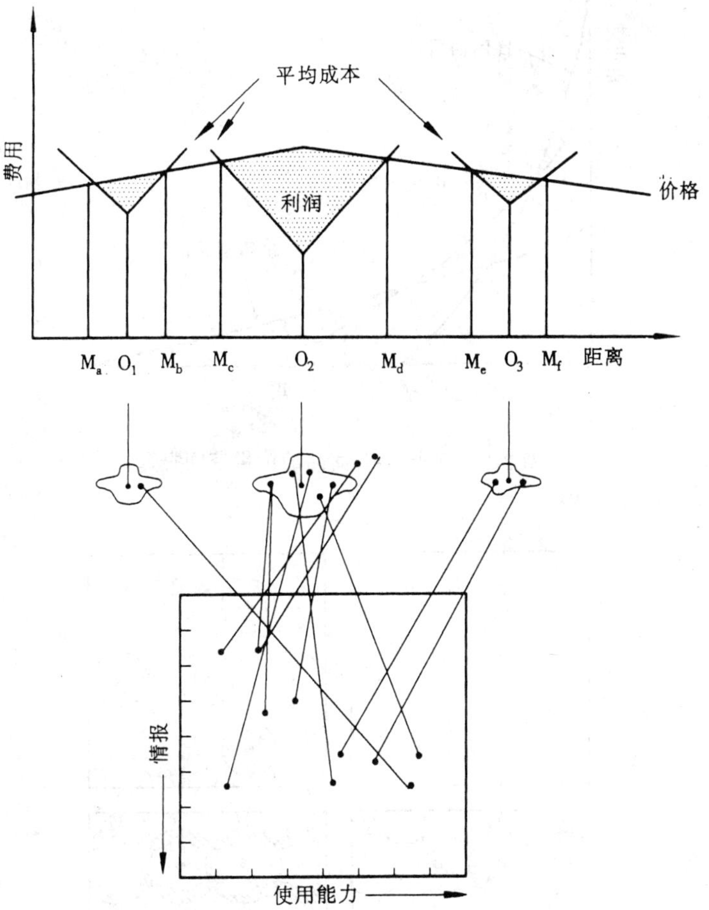

图 2-16　赢利企业的行为矩阵

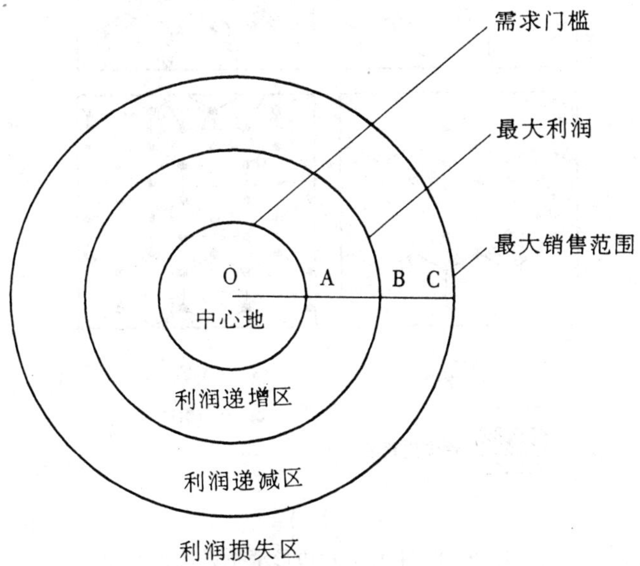

图 2-17　单一商品或服务的需求门槛与销售范围的关系

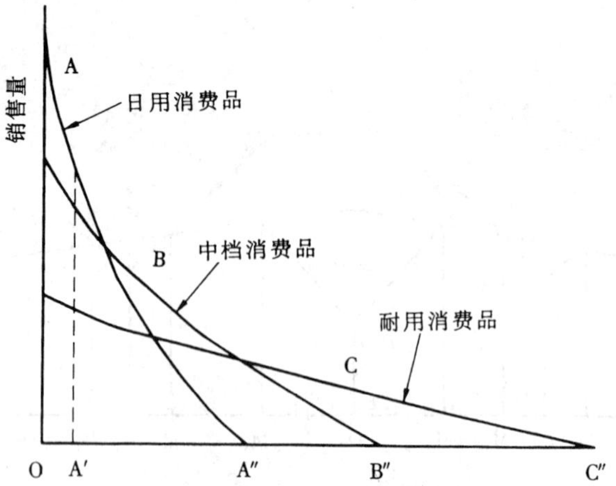

图 2-18　不同性质商品的销售空间特征

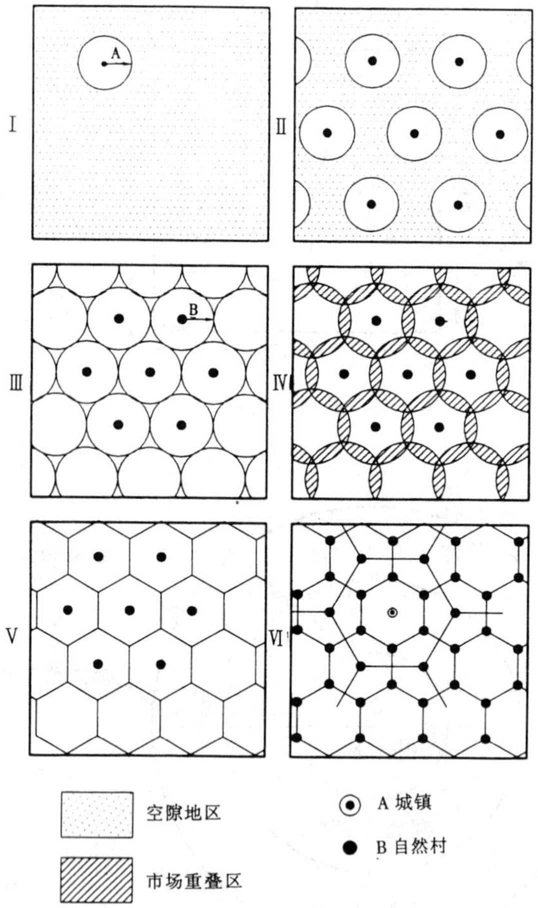

图 2-19　中心地六边形消费区的推导

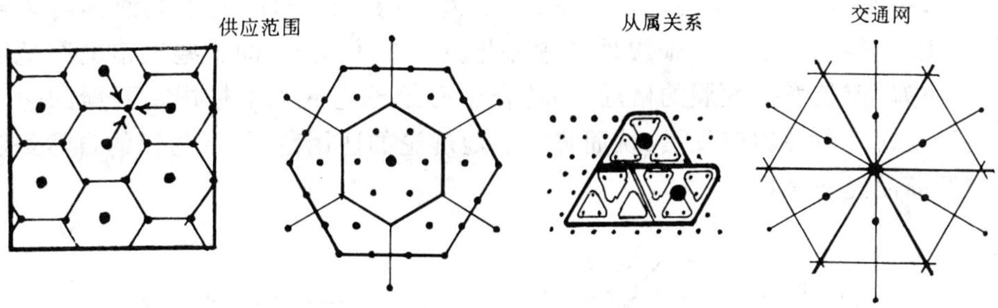

(a) 根据市场原则形成的中心地体系(K3 系统)

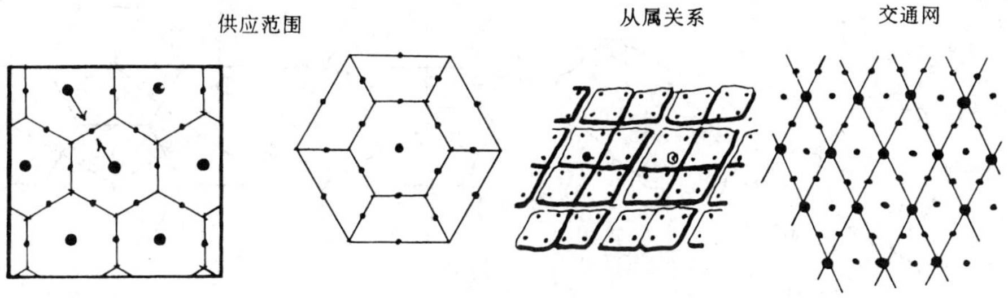

(b) 根据交通原则形成的中心地体系(K4 系统)

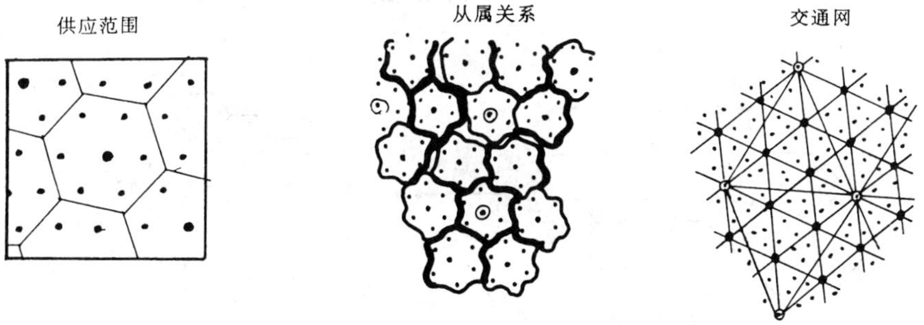

(c) 根据行政原则形成的中心地体系(K7 系统)

图 2-20　中心地体系不同形成机制下的结构型态

由于中心地理论的基本内容是将商业服务业的布局区位和中心城镇聚落地分布有机地加以统一考察,并最终推导出一定区域内中心地(或城市)职能等级、数量和空间分布的系统理论,因此也被称之为聚落区位论或城市区位论,并成为其后广泛开展的区域规划、城市规划中的城镇体系布局规划的极具影响力的基础理论之一。

克里斯塔勒的理论在五六十年代曾引起大批城市地理学者的实验修正和进一步完善。在中心地的等级衡量方面,美国地理学家贝里(B. Berry)通过大量的实验研究,在 1964 年发表了《城市作为城市系统内的系统》一文,把城市人口规模和中心地等级联系起来,大大提高了克氏理论在城市系统研究中的应用价值。斯坦恩(J. H. Stine)和施坚雅(G. W. Skinner)1964 年在对朝鲜和中国成都平原的实证研究基础上,提出了农村墟场这一周期性中心地的概念,提高了中心地理论在农业地区的应用意义(图 2-21)。在中心地腹地的非均质方面,邦吉(W. Burge)在 1966 年提出了一个转换处理的方式,即"以人口密度而非单纯地域面积进行标准化处理后,中心地理论仍将有效”(图 2-22)。万斯(J. Vance)研究了大西洋沿岸城市的商业历史,在 1970 年提出了中心地腹地与中心地的可分离模式,即这些城市的腹地不在本地,而在大洋对岸,但其发生发展的格局,仍符合中心地理论的基本格局。万斯的这一模式广泛地适用于现代外贸性城市发展,从而将中心地理论的适用范围,从封闭的自然经济区域扩展到开放的商品经济区域。

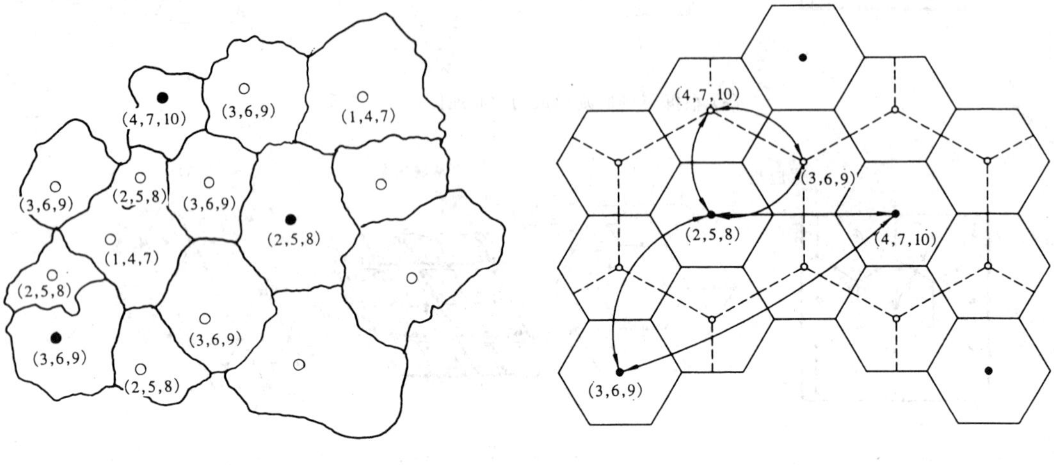

(a) 实际分布　　(b) 经处理后的集市分布格局

图 2-21　周期性中心地理论

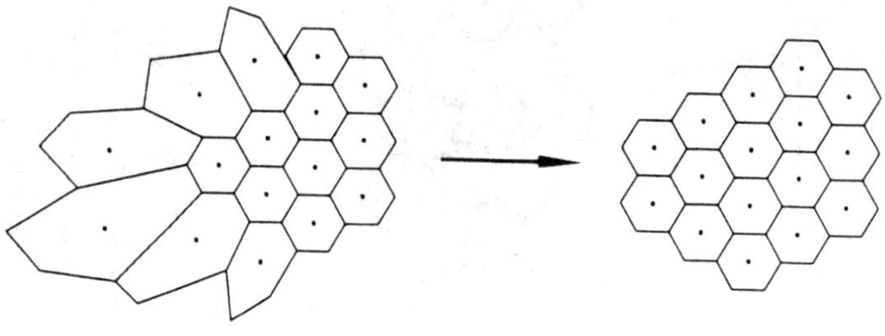

处理前　　处理后

图 2-22　非均质人口密度区中心地模式的标准化处理

第四节　空间集聚理论与现代区域空间结构理论

本世纪五六十年代以来,世界经济运行方式和空间格局的迅猛变化,对传统的区域理论产生了巨大的冲击。经济工业化的加剧和工业空间集聚的加强,首先引发了技术革命的浪潮和社会城市化的迅猛发展。在技术革命的推动下,出现了许多新兴产业部门,引发了社会分工的深入和产业结构的变迁;劳动生产率和社会经济水平的提高,改变了人们的生活特点和方式;第三产业发展起来,深入到生产生活的各个领域;农村城市化过程加速,城市规模急剧增大,城市已成为区域空间结构的发展核心;对自然资源的扩大利用,造成了日趋严重的环境污染与生态失衡;世界人口激增,尤其是发展中国家人口增长过速,人口与资源供应问题成为区域发展的隐患……。这一切,都对区域理论和区域规划的发展提出了新的要求,而传统的区位理论由于其研究的视野和方法所限已难以胜任，因此，以空间集聚理论为先导的现代区域空间结构理论应运而生并发展起来。

一、空间集聚理论

各种经济活动的空间集聚现象，在早期区位论学者的研究中就已涉及，如韦伯的工业区位理论就将集聚因素作为重要的区位因子之一。但现代经济活动的空间集聚，无论其发生规模还是影响意义已远远超过早期一般性的地理集中概念，并成为影响现代区域空间结构形成的先导性因素。现代区域理论认为，区域现代经济活动的空间集聚的发生，是由于集聚经济在现代技术和社会经济条件下能产生巨大的效益。集聚能促进生产更细的分工和更高的专业化程度，从而带来更高的劳动生产率和生产成本的大幅度降低；有利于减少关联产品间长距离的运输、转移和信息费用，从而降低运输的成本；有利于形成一个高效益运行的基础设施和公共服务网络，特别是现代社会经济发展所需的金融、保险、信息、咨询业的发达，从而形成巨大的外部经济效益，有利于形成一个发达的劳动力培训和供应市场，有利于劳动力的流动和专门技术人才的脱颖而出；集聚能产生巨大的现实市场和潜在市场，更有利于产品的更新和新技术的革新。正是因为集聚经济在生产成本、协作成本、外部经济、劳动力供应、市场扩大和有利于创新这一系列方面创造的空前效益，许多学者认为，只有采用这种规模集聚的区域空间结构形式，才能有效地组织高效率的社会化大生产和满足现代化、社会化的城市生活要求。

二、区域空间结构理论

经济活动集聚的空间结构形式，在不同产业和不同地域之间产生的效果是不相同的。农业中的集聚作用，表现为商品经济发展和区位地租推动下，农业专门化部门和专门化地域的形成，从而有利于新技术的应用和劳动生产率的提高，并产生大量的剩余劳动力。工业和商业服务业等第三产业，本身是集聚性很强的部门，它们的发展和集聚表现为各种规模和类型的经济中心和现代城市的兴起，并往往伴随着大量农业剩余人口的迁入，城市规模也因而由小变大，出现大城市、特大城市和超级城市，并在更大范围内形成主宰经济社会活动的现代城市网络系统。因此，一般认为，以人类经济社会活动空间集聚及其形成的区域城市网络为主体的现代区域空间结构理论，实际上包括三个层次的研究内容：集聚体（城市）本身的发展规模及空间结构组织规律；集聚体（城市）对周围农村地区的吸聚模式；以及区域内各个集聚体（城市）相互联结的城市网络结构形态。三者分别形成了现代城市总体布局、区域城市化布局和区域城镇体系布局的理论基础。

1. 城市发展规模及空间结构组织理论

(1) 城市最佳规模理论

城市最佳规模理论认为，空间集聚的效果并不总是随着集聚规模的扩大而递增，当规模扩大到一定的“门槛值”，可能会产生诸如出行距离增大、交通组织费用陡增、公共设施边际效益递减、城市生态环境质量下降等一系列集聚不经济现象，因此，城市规模经济的转折点即为城市最佳规模。依据不同的考察重点，各学科的学者曾提出了不同的最佳规模值，如工程经济专家从城市公共设施运营效益角度提出的 5～40 万人口规模，城市规划专家从居住密度和城市环境角度提出的 5～10 万人口规模，经济地理和区域规划专家从城市经济效益和服务设施多样化角度提出的 80～120 万人口规模等等，以求获得量化的标准。但现代越来越多的学者倾向于城市最佳的集聚规模应视城市具体的性质、职能、建设条件以及在整个城市体系中的功能地位而不同，并可随着不同的历史阶段、技术条件和人们的价值行为标准而发生新的变化。

(2) 城市区位级差地租理论

城市空间结构组织理论以城市区位级差地租理论影响最为广泛。该理论认为，城市集聚体本身的空间结构是在区位级差地租作用下不断发生变化的，并由它来调节集聚的规模和集聚的方式。这一理论认为，位置级差地租是在经济活动空间集聚条件下，由土地的空间位置而产生的纯收入，是总效益扣除生产和运输成本后所得的部分。级差地租的客观存在，必然吸引各类经济要素的向心集聚，导致城市中心土地需求量增加，按照市场供求均衡的原理，地价就会相应上升，从而产生排异现象，将那些原料密集型、对环境有污染、附加价值低的产业依次向聚集体外围排斥，以控制城市集聚规模的自动均衡和保持集聚结构始终处于高效益的运行状态(图 2-23)。因此，城市的区位级差地租理论在应用上可作为一种空间结构有计划布局的理论，并在城市规划总体布局实践中起着基础性的作用。

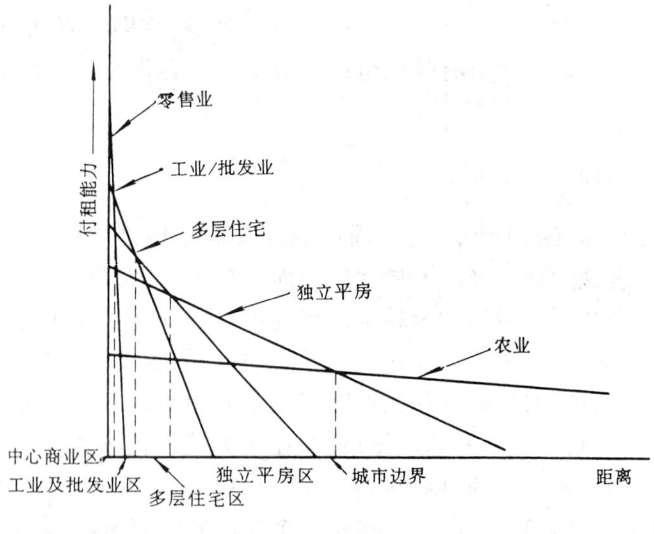

图 2-23　城市级差地租对城市空间结构的影响

2. 空间吸聚理论

集聚体对周围农村地区的空间吸聚包括资金、人才、原材料、劳动力等多个方面，其中尤以劳动力人口的空间吸聚现象最为突出。早期的劳动力人口空间吸聚理论(或称人口城市化理论)认为，现代工业革命的迅猛发展，在区域空间结构上产生了人口不断向城市吸聚的"推拉因"模式：一方面城市工业的集聚和发展，提供了大量的就业机会，吸引了农村剩余劳动人口的进入和同化；另一方面农业集约化生产的发展和农村传统手工业的萎缩，产生了大量的农村剩余劳动力，推动着其为维持基本生计或改善生活条件而进入城市，从而形成了"推因"和"拉因"并存的城乡人口吸聚过程。

由于推拉因理论过于简单，现代劳动力的空间吸聚理论更多地采用了"双系统"分析模式。由地理学者马卜贡杰(A.L.Mabagunje)在 1970 年提出的这一理论认为，人口向城市空间吸聚的原因不仅在于移民本身,更为重要的是在于农村和城市的双重控制性系统及整个社会经济文化的调节机能。马氏理论认为,农村控制性系统主要通过农村各种组织、家庭和家族等来实现。如农村地方组织如果能发挥其组织功能,促进本地经济发展,提供大量的就业机会,逐步提高生活水平,就有可能打消不少潜在移民的移居念头。同时,青年人口的教育水平、婚姻状况、奉养父母的需要以及家庭财产继承权制度,也多属潜在移民的众多牵制性因素之列。而城市控制性系统主要通过寻找职业和住房的难易来实现,其难易程度可起到鼓励或限制农民移入城市的作用。政府的有关政策规定可直接影响这两个方面的功能,如城市用工政策、土地房屋价格、职业介绍所的设置、摊贩的管理以及对贫民窟居民的态度等都会影响移民的数量。马氏理论在双系统基础之上,进一步提出了城市、农村和移民三方面的社会经济文化的调节问题:① 城市自身的问题,更多创造就业机会和多建房屋,以扩大容量应付新来人口;② 农村自身的调节,要提高劳动生产率,或改变产业结构,以适应失去劳动力的新情形;③ 移民自身的调节,要重新学习求业之道、社会规范,建立新的交际网络、融入城市生活。上述三个方面的失调,往往会阻隔人口集聚的发展,或产生其他社会经济问题。因此,由人口迁移而产生的一系列空间问题(包括城市问题和区域问题)是一个十分复杂的社会经济现象,必须深入研究和慎重处理,在这方面,马氏的双系统理论提供了一个理论分析和政策分析兼备的总体框架。

3. 城市网络结构形态理论

区域内各个集聚体(城市)相互联结的城市网络结构形态理论,是现代区域空间结构理论的核心组成部分,实际上反映了不同区域和不同阶段中区域社会经济活动的集聚规模和集聚形态。城市网络结构的早期研究主要围绕着城市规模的序列式分布(rank-size rule)和首位式分布(primary law)的两个经验分析法则而展开的。1913 年德国学者奥埃贝奇(F. Auerbach)通过对美国及欧洲五国城市规模分布的分析后,提出了区域内城市按人口规模呈由大到小、由少到多的有规律的序列分布法则(即城市的等级-规模法则),其数学表达公式为:$P_iR_i = K$(其中 R_i 为 $1 \sim n$ 的数列,P_i 为序列 i 的城市人口,K 为最大城市人口数,为常数)。1939 年,美国学者杰佛逊(M. Jefferser)又提出一个截然不同的首位城市法则。杰佛逊分析了世界上 51 个国家的资料,发现了一个国家(区域)的首位城市(即规模最大城市),其规模往往比其他城市大得多,多数国家的首位度(第一大城市人口与第二大城市人口的比值)都在 3 以上。杰佛逊认为,在一个国家(区域)城市发展的特定阶段,某个城市由于具有固有的优势得到持续发展,起先成为经济中心,以后又往往形成政治中心,从而拥有最优越的社会服务设施和更多的就业机会,并吸引了大量人口,从而较普遍地形成了首位分布的城市网络。

区域城市网络的序列式分布和首位式分布差异,都可以用对数正态和帕雷托(Pareto)分布清晰地表示出来。对数正态分布是指在以城市规模为横轴,城市数目百分比(频率)为纵轴的坐标图上,城市规模的频率呈山脊形分布,并有明显倾斜的直观形态,用于描述一个国家或区域内所有城市的规模分布(图 2-24)。帕雷托分布是在直角坐标

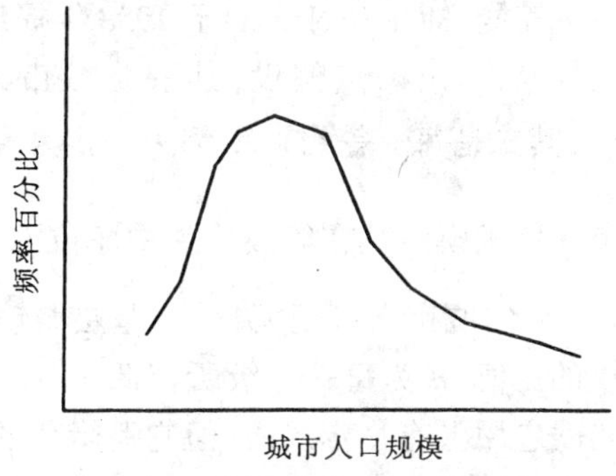

图 2-24　区域城市网络的对数正态分布表现

图上，以城市规模为横轴，某一规模值以上累计城市数目比为纵轴，用于描述某确定的城市规模水平以上的城市规模分布，序列式分布在此图上呈一上升的直线(图 2-25)，而首位式分布则明显地呈折线状(图 2-26)。这种直观的分析方法，尤其是对比实际城市规模分布曲线与序列式分布直线及首位式分布折线间的拟合程度和差异属性，对于研究区域城市规模结构起到了重要的工具作用。

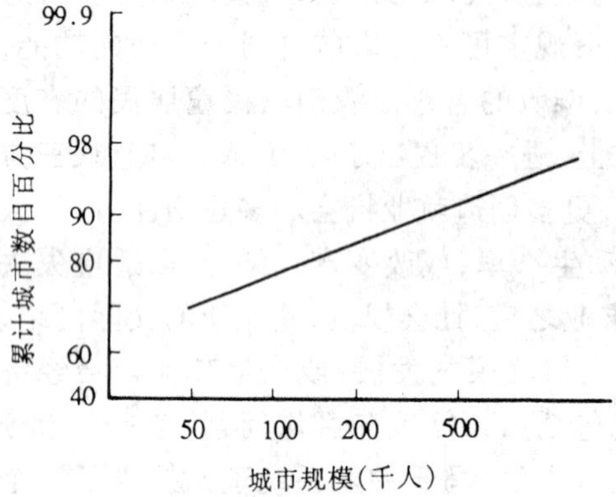

图 2-25 城市序列式分布

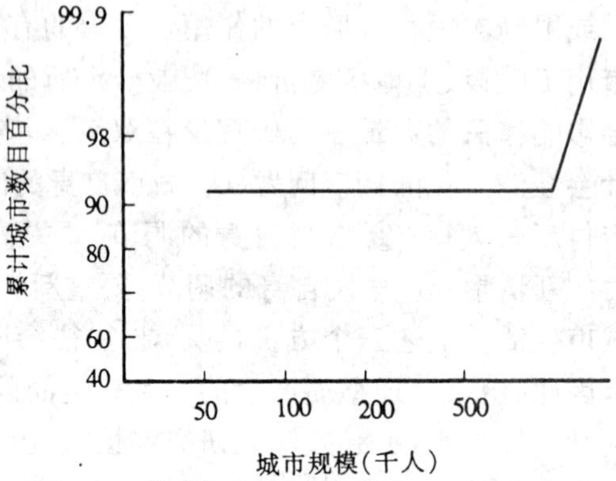

图 2-26 城市规模首位式分布

继奥埃贝奇的研究之后，许多学者都进一步发展了区域城市规模结构的研究，其首要的进展是借助于直观的帕雷托分布和严密的数学公式；进行了通用的规模结构规律分析。1925 年罗特卡(A.L.Lotka)对美国 100 多个城市进行实证分析，提出了一个在序列上引入指数关系的等级序列分布的经验公式($P_i R_i^{0.93}=5000000$)。1949 年哲夫(G.K.Zief)用指数关系综合奥埃贝奇和杰佛逊的法则，提出了一个修正后通用的城市规模分布模式，其公式为

$$P_i R_i^q = K \quad 或 \quad P_i = \frac{K}{R_i^q}$$

式中增加了一个参数 q。这样，在 $q=1$ 时，为规则的序列式分布，即等级规模分布；$q>1$ 时，则为首位型分布，且 q 越大，反映首位城市特征越突出；$q \leqslant 1$ 时仍为序列式分布，但中等城市较为发育，且 q 越小，这一特征越为明显；当 $q=0$ 时或趋向于无穷大时，表示所有城市一般大或只有一个城市。

50 年代以后，古典区位理论中的中心地学说也开始影响到这一领域研究，最有代表性的是贝克曼(M.J.Beckman)于 1958 年提出城市等级规模的指数模式。贝克曼以均质平原为研究基地，作出两点假设，其一是城市人口与其服务的区域人口成一定比例关系($P_i = KP'_i$)，其二是每一等级城市都为一定数量的低一等级城市服务($P'_i = P_i + nP_{i-1}$)，从而得出城市人口规模随其在等级体系中序位的升高，呈指数增长的特征($P_i = \frac{Kr_1}{(1-K)^i}n^{i-1}$，其中 P_i 为 i 序位的城市人口规模，r_1 为基层城镇的服务人口，K 为城市人口规模与服务的区域人口规模的比值，n 为每一等级所辖低一等级城市的数量)。贝克曼的模式由于假设过于严密，在实践应用上有一定局限，但它逻辑化的演绎推理方式，对以经验分析和归纳推理为主的区域城市规模分布研究起到了有益的推动和补充。

区域城市规模结构研究在 50 年代以后另一方面的进展是大量实证研究的出现，其中以

美国地理学者贝里(B. Berry)的研究最具代表性。贝里在1961年发表的《城市规模分布与经济发展》著作中选取了38个不同类型的典型国家,发现城市规模分布与经济发展水平间的关系不尽相同。贝里将38个国家归结为六组三类规模分布型:(a) 经济高度发达,各部门综合发展的国家,呈等级规模分布,如美国、前西德、意大利等七国;(b) 经济不发达,但城市发展历史悠久的国家,呈等级规模型分布,如中国、印度、巴西等六国;(c) 经济发达而经济部门极端专门化的国家,呈首位型分布,如丹麦、瑞典、希腊、西班牙等七国;(d) 经济欠发达的刚独立国家,呈首位型分布,如泰国、墨西哥、斯里兰卡等八国;(e) 经济发达而领土较广的国家,呈介于两者间的序列型分布,如加拿大、英国、澳大利亚等四国;(f) 经济欠发达而有一定历史的国家,呈序列型分布,如巴基斯坦、挪威等六国(图2-27)。贝里的研究还认为,城市序列大小分布是各种不同的城市发展因素随机结合的结果;而首位型分布是由于个别特强的因素支配城市发展,使原有大小城市不能以相同的增长率扩大的结果。如特强因素随时间推移而消失,由各因素随机结合,导致序列大小的出现,从而形成了由首位分布向序列大小分布的演变模式(图2-28)。

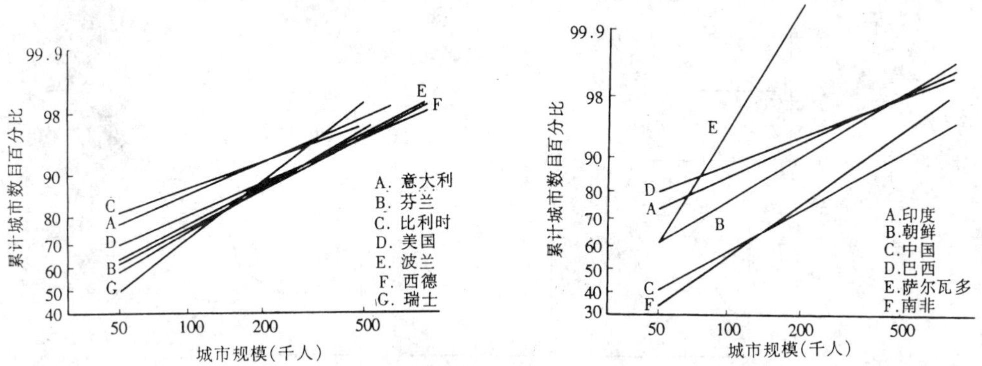

(a) (b)

(a) 经济高度发达,各部门综合发展的国家(等级规模型);

(b) 经济欠发达,但发展历史悠久的国家(等级规模型)

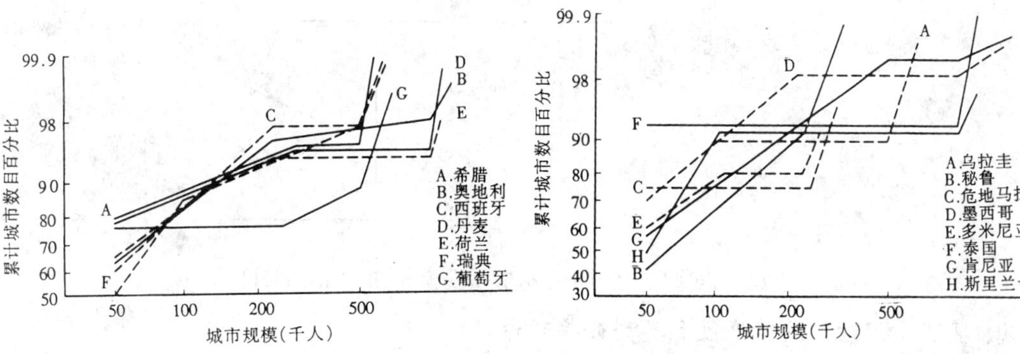

(c) (d)

(c) 经济发达而经济部门极端专门化的国家(首位型); (d) 经济欠发达的刚独立国家(首位型)

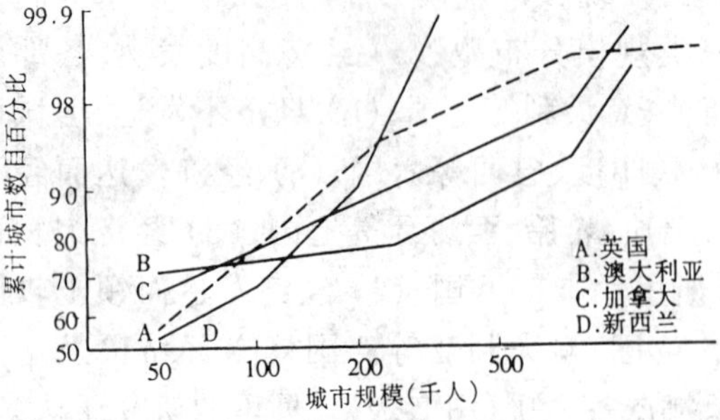

(e)

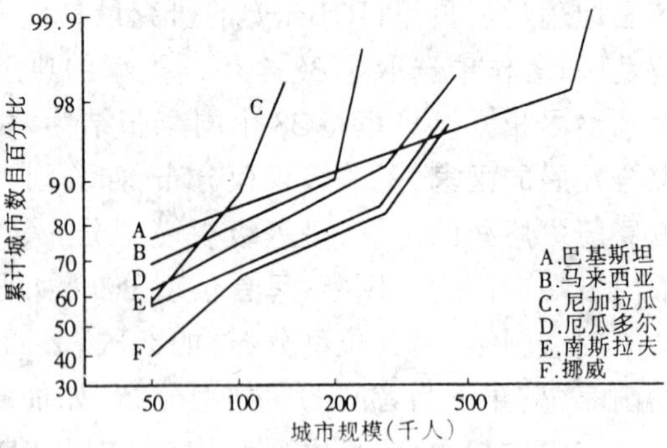

(f)

(e) 经济发达而领土较广的国家(序列型)； (f) 经济欠发达而又有一定历史的国家(序列型)

图 2-27　不同国家城市规模分布的类型分析

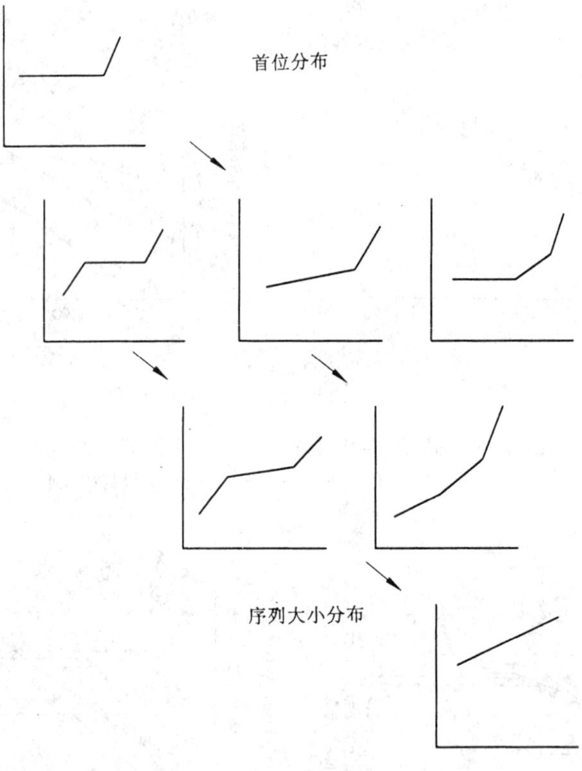

图 2-28　贝里的城市规模分布演变模式(B. Berry, 1961)

4. 区域空间结构演变阶段和类型分异理论

在集聚体(城市)三个层次研究的丰富成果基础上，特别是在区域集聚体(城市)体系理论研究基础上，现代区域空间结构学说在 60 年代以后取得了全面的发展，其主要标志是区域空间结构的演变阶段理论和类型分异理论的成熟。

(1) 区域空间结构演变阶段理论

区域空间结构的演变阶段理论首先排除了不同自然条件和生产关系可能产生的区域空间结构多样性差异，试图就一般的区域属性探索共同性的规律。这一理论认为，区域空间结构的演变具有共同的阶段性特征，一般可划分为四个阶段：① 低水平的均衡阶段。以经济活动分散孤立，小地域范围内的封闭式循环为特征，表现在城镇规模小，相互间联系较为松散，多为农业社会的典型空间形态；② 极核式集聚发展阶段。基本经济部门在空间集聚发展，促使若干特定城市发展迅速，形成区域经济的发展极核。同时，技术革新的较快发展和第三产业的大量出现，并依托大力开发的区域交通网络，将周边和外围地区的资源和潜力更多地吸聚到经济循环中来，并分配给原有的中心和形成新的中心，从而形成极核城市发展较快的非均衡城市体系，表现为前中期工业化社会的典型形态；③ 由极核扩散发展的阶段。生产的高度发达使极核城市的反集聚效益开始出现，交通信息手段的日益进步为城市的扩散发展创造了技术条件，在区位级差地租的内在作用下，出现了由经济活动极核城市向外围地区扩散的趋势。由此，区域经济活动过密过疏的问题将日趋缓和，并有可能出现一批后来居上的新产业极核城市，多为中后期工业化社会的典型形态；④ 高水平的均衡阶段。以网络化、均衡化、多中心为特征的空间结构，地区间的阻隔和差异已逐渐消失并完全融合为一个整体，各地区的空间和资源得到更充分和合理的利用，整个区域空间结构处于一个高水平的、动态的均衡发展之中，多为后工业化社会或信息社会的典型空间形态(图 2-29)。

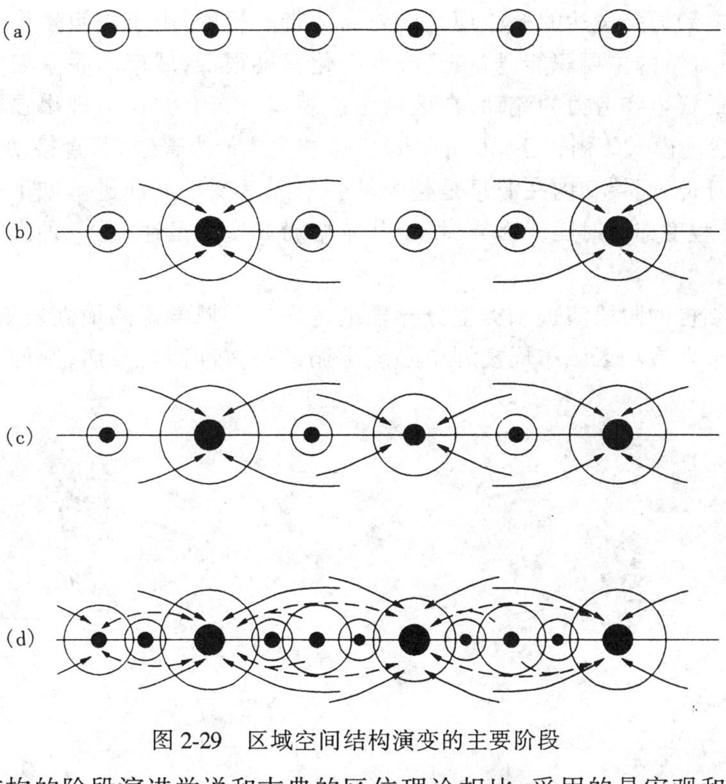

图 2-29　区域空间结构演变的主要阶段

区域空间结构的阶段演进学说和古典的区位理论相比，采用的是宏观和均衡的分析手段，对日趋复杂的现代经济活动的把握更为切实可信，是现代区域理论的重要发展。

(2) 区域空间结构类型分异理论

区域空间结构的类型分异理论，是现代区域空间结构理论的另一个重要组成部分，在对古典区位理论的发展中，为了扩大其应用范围，就曾开始了类型分异论的研究，如美国学者汉密尔顿(F.E.L.Halmiltom)在传统工业区位理论和地域综合体理论的基础上，于1970年提出了不同类型的区域工业发展"顶点"理论，并区分了十类不同地区的产业发展和布局模式，包括：① 闭塞的自然环境不良、人口稀少地区；② 温带林区；③ 热带林区；④ 畜牧业商品化地区；⑤ 综合的商品化农业地区；⑥ 煤田或煤铁、煤砂富集地区；⑦ 石油天然气富集地区；⑧ 大港口或交通枢纽地区；⑨ 大都会地区。其后，美国学者西蒙斯(J.W.Simmons)将区域空间结构的类型理论推向更为综合化和本质化。西蒙斯从区域经济活动的空间组织结构出发，把区域的空间结构概括为四种模式：① 原材料出口模式(staple export model)。其区域空间结构由边境地区向内地推进，呈现以输出港为中心的等级分布特征。各城市分布多取决于原材料资源区的分布，城市网络主要为等级传递型，发展动力来自于外部市场对原材料的需求，与外界的联系频繁，经济专门化程度很高。这种模式主要出现在资源丰富而经济落后的地区；② 工业专门化模式(industrial specialization model)。其区域空间结构呈群状集聚体，形成交通便捷的区域网络。其发展的动力是追求集聚优势，工业是经济的主导部门，经济专门化程度很强，区内协作联系明显重于与区外联系，城市规模分布无固定型式，城市发展次序取决于市场传播的速度和方式；③ 外缘带商业推进模式(frontier-merchantile model)。其区域空间结构是由发达地区逐步向次发达地区推进，呈现出由核心区向外缘地带渗透的梯度特征。其发展的动力是发达的核心地区向外缘地带的投资，由于城镇多作为地域的服务中心，因此商业是城镇的主要职能，城镇经济专门化程度很低，城市间联系表现为以核心区城市占支配地位的资金和劳力的流动，在区域城市规模分布上往往呈现出强烈的首位城市型特征；④ 社会变动模式(social change model)。这种模式最为普遍，其直接动力是技术和劳力持续的更新和迁徙，间接和内在源泉是整个社会的经常变动和演进。城市间联系密切而多样，经济专门化程度亦因时因势而异，城市分布格局亦变化迅速，是一种内源式的区域发展模式(图2-30)。

区域空间结构的阶段演进和类型分异理论是现代区域学说的最新发展和集中概括，是人们在制订区域发展和区域布局规划中必须遵循的基本准则。当然，它的实际作用尚要通

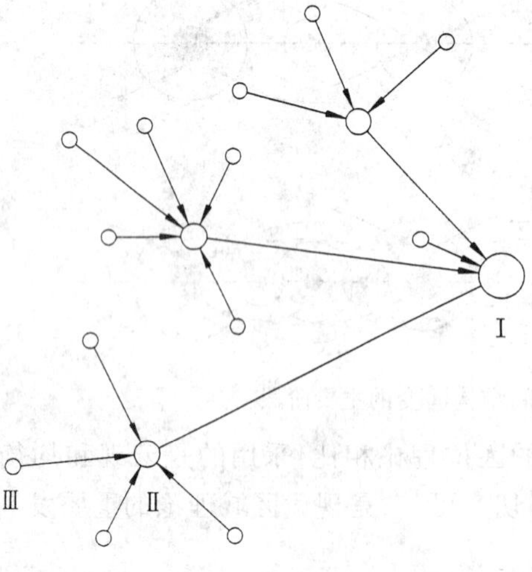

(a) 原材料出口模式

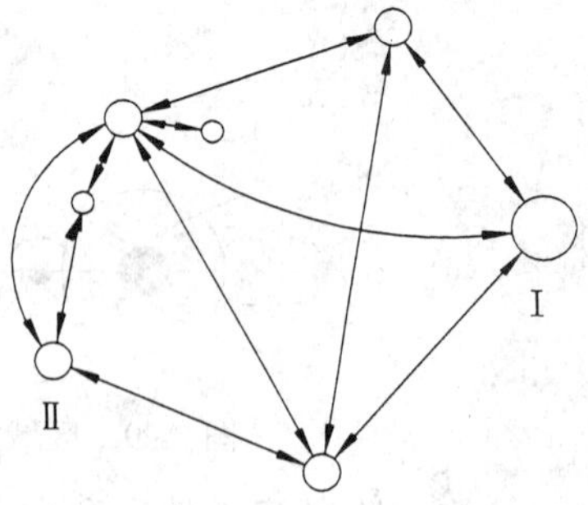

(b) 工业专门化模式

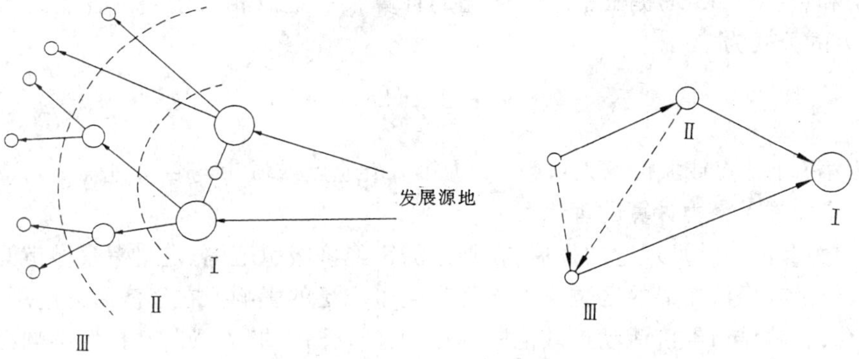

(c) 前缘——商业模式　　　　(d) 社会变动模式

图 2-30　城镇体系发展的动力模式

过深入的调查和多方位的比较分析，确定规划地区的类型属别和阶段进程，进而才能确定区域发展的基本框架和重大建设项目的空间布局。

第五节　空间扩散理论和现代区域相互作用理论

经济活动的空间扩散现象和经济社会活动的空间集聚现象一样，是现代区域理论研究的基本课题。世界上不同区域的差异，在某种程度上而言，都是各种经济社会活动空间扩散的距离衰减或空间阻隔的产物。而另一方面，区域间各种相互作用的发生，又是依托经济社会活动在空间上自然的扩散运动而产生。因此，空间扩散理论和区域间相互作用理论，也是区域理论的重要组成部分。

一、空间引力理论和潜力理论

空间扩散和区域相互作用理论的早期发展主要集中在如何确定扩散影响空间可达性的空间引力理论和潜力理论。1931 年美国学者赖利(W. J. Keilly)首先提出了一个“零售引力法则”，认为两个城市之间零售市场区的最佳划分与两个城市的人口规模成正比，与其空间距离的平方成反比，这一零售商业引力区的划分也被称之为“断裂点”(break point)理论。其后，又出现了测量区域中某一点相对于周围有关各点的综合影响力的“潜力”理论(potential)，如艾萨德 1960 年提出了城市与周围几个城市相互作用的总潜力 I_j 的模型：

$$I_j = K\sum_{i=1}^{n}\frac{d_{ij}^{b}}{P_i}$$

式中，d_{ij}为城市 j 与城市 i 的距离，P_i 为城市 i 的人口数，K 为引力常数，b 为距离的指数，代表空间摩擦作用的强弱。对于两个区域间相互作用的潜力即可达性，艾萨德又提出如下公式：

$$I_{ij} = K\frac{W_i P_i^{a_i}\cdot W_j P_j^{a_j}}{d_{ij}}$$

式中，P_i，P_j 为地区 i 和 j 的人口数，W_i，W_j 和 a_i，a_j 分别是由经验确定的对地区 i，j 中居民

数的赋权数和指数,取决于不同居民的年龄、性别、文化程度、经济能力等等。1969 年科尔(J.P.Cole)和金(K.J.King)提出了一个简化的计算某一地点相对于周围各点的人口潜力或称市场潜力的公式为

$$P_j = \sum_{i=1}^{n} \frac{b_i}{d_{ij}}$$

式中,b_i 为第 i 个地点或城市的人口数,d_{ij}为第 i 个地点或城市与目标地点 j 或城市的空间距离,进一步发展了潜力计算的理论。

空间引力和潜力计算理论的发展,在划定城市经济吸引范围、定量考察城市间经济联系密切程度、以及在经济布局的区位决策方面产生了广泛的影响。在经济潜力应用上,借用物理学的概念,若将城市经济活动扩散范围称作为经济作用的"力场",其扩散影响力的大小可称为"场强",城市规模愈大,经济愈发达,其"场强"越强,"力场"空间亦越大,从而可划分相应的以城市为中心的结节性经济区域(图 2-31)。在人口潜力应用上,列夫特(D.S.Neft)1962 年经过大量的统计资料计算,编制出美国的等人口潜力分布图(图 2-32)。图中呈现出由东海岸向西海岸递减并在加利福尼亚州重新出现高值点的特征,无疑较之单纯的人口密度图对经济活动的区位决策更为重要,特别对那些劳动力指向的经济单位更是如此。在市场潜力应用上,哈里斯(C.D.Harris)1954 年编制的市场潜力图以零售额代替人口数,用公路运费代替距离,对于市场指向型的区位活动、区位决策的指导,将更加精确和有效。

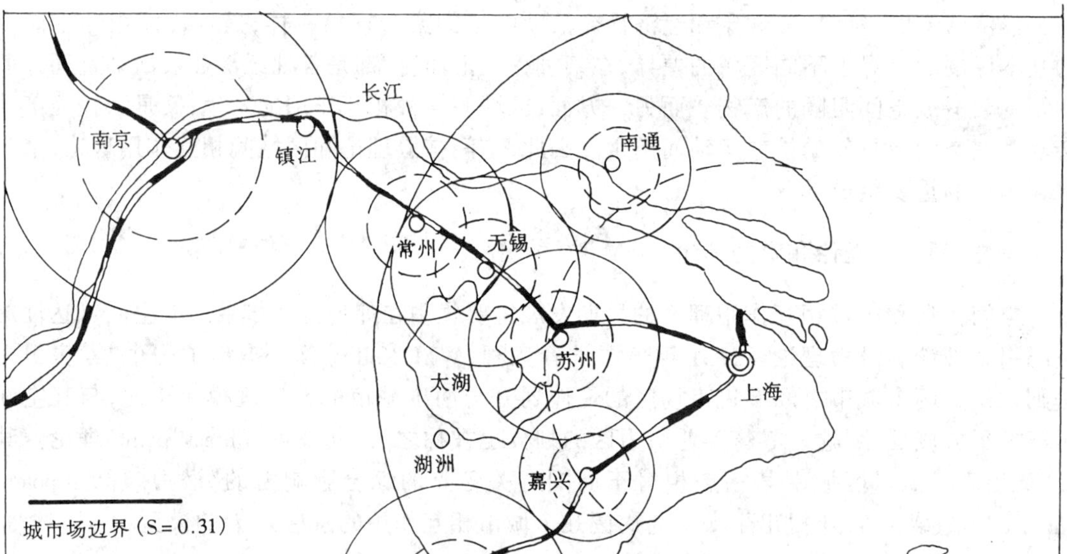

图 2-31　上海经济作用力"场强"分布

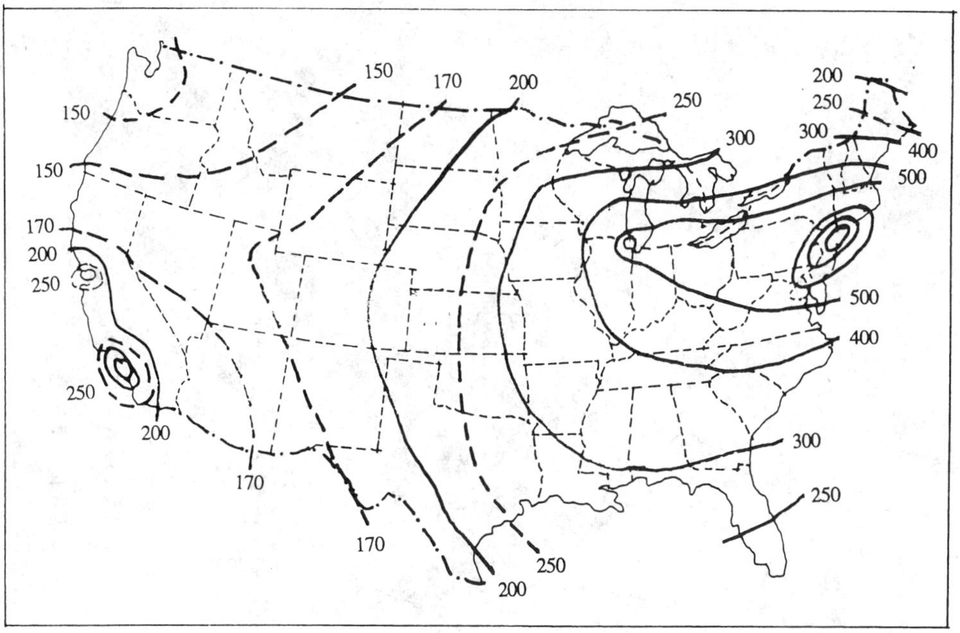

图 2-32 美国等人口潜力分布曲线

二、核心边缘理论

本世纪50年代以后,关于空间扩散和区域相互作用的理论研究取得了进一步的发展,这首先表现在关于扩散机理的结节性区域的核心边缘理论的出现。这一理论认为,经济社会活动的空间集聚必然在区域中形成一定的核心区(结节区),而每一核心区均有一个影响区(zone of influence),弗里德曼(J. Friedmann)称之为边缘区(peripheral region),核心与边缘之间存在着一种扩散与交流的基本关系,共同组成一个完整的空间系统,亦即为结节性区域。核心区作为空间系统的基本结构要素,一方面从边缘区吸聚生产要素产生出大量的革新(材料、技术、产品、社会、文化体制等),另一方面这一革新又源源不断地从核心向外扩散,引导边缘区的经济活动、社会文化结构、权力组织和聚落类型的转换,从而促进整个空间系统的发展。除了革新的扩散这一基本空间作用之外,结节性区域中核心与边缘区间还存在着决策的传播、移民的迁徙和投资转移另外三种基本的空间作用过程,各种空间作用的力度也并不均衡(图 2-33)。核心边缘理论还认为,不同层次的结节性区域都不可能不受到外部的影响,任一区域一方面是更高层次核心的边缘区,另方面又是较低层次区域的核心区,不同层次结节区域的上下套接,形成一种等级扩散传播网络。如果各级传播机理能够良性发展,就可通过一系列有序的空间结构逐层转换,推动整个区域的有效发展。

三、空间扩散方式

现代空间扩散和区域相互作用理论的又一重要发展是关于扩散空间途径方式研究的深入。1966年英国地理学家哈格特(P. Hagget)受物理学说中热传导三种方式的启发,将城市之间、城市与所在区域间的空间作用划分为三种类型方式:"对流"是指人口和物资的流动,

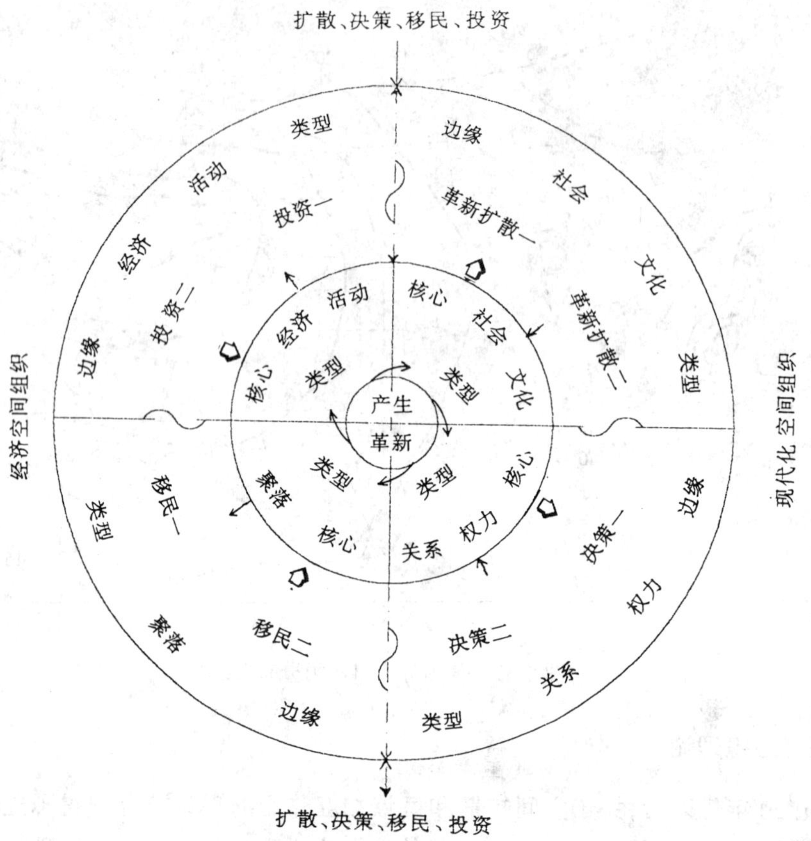

图 2-33　弗里德曼结节区域的核心边缘模式

是具体的有形的物质传送;“传导”是指各种财政交易过程,是无形但等同的交割;“辐射”是指信息、政策、思想、技术的扩散,能逐级传播,效益不断放大。随着社会经济和科学技术的发展,第三种和第二种扩散类型对城市和区域发展的影响将更为突出。以瑞典地理学家哈格斯特朗(T. Hägerstrand)和尤伊尔(Yuill)为代表的一批学者在 60 年代更是对信息、革新的扩散进行了不同分析水平的研究,引入了数学和计量模式,形成了区域研究中著名的北欧学派,深入地模拟和揭示出空间作用中等级扩散方式的内在机制(图 2-34)。

各国学者把经济社会活动空间扩散方式概括为以下几种类型:① 周边式扩散。从中心点向四周作墨渍式扩散,是一种最简单和最自然的方式;② 等级式扩散。从中心点跳过相邻地区,而在距离较远,但属同级或次级中心点的区域扩散,反映出同级城市由于属性相近,扩散和交流也更容易实现的基本特征,信息、创新的扩散往往表现为此类方式;③ 点轴式扩散。由中心点沿主要交通干道串珠状向外延伸,多形成若干扩散轴线或产业密集轴带,反映出交通干道往往是产业经济向外扩散的基本传递手段,也是一种非常常见和相当有效的扩散类型;④ 跳跃式扩散。中心点的扩散向指定地点的非常规的跳跃式集中,往往是满足某些资源指向性产业群布局或产业协作的特定要求;⑤ 发展极式扩散。多在扩散影响较小、辐射作用较弱的地区,由一批具有创新能力的企业兴起而带动的扩散,具有一定的竞争性和空间不均衡性;⑥ 反磁力式扩散。多在中心点的外围选择若干地点,通过一定的空间差异政策人为地诱导中心点的扩散，主要是为了抵消中心点吸聚力过强而可能产生的反集聚效益等等。

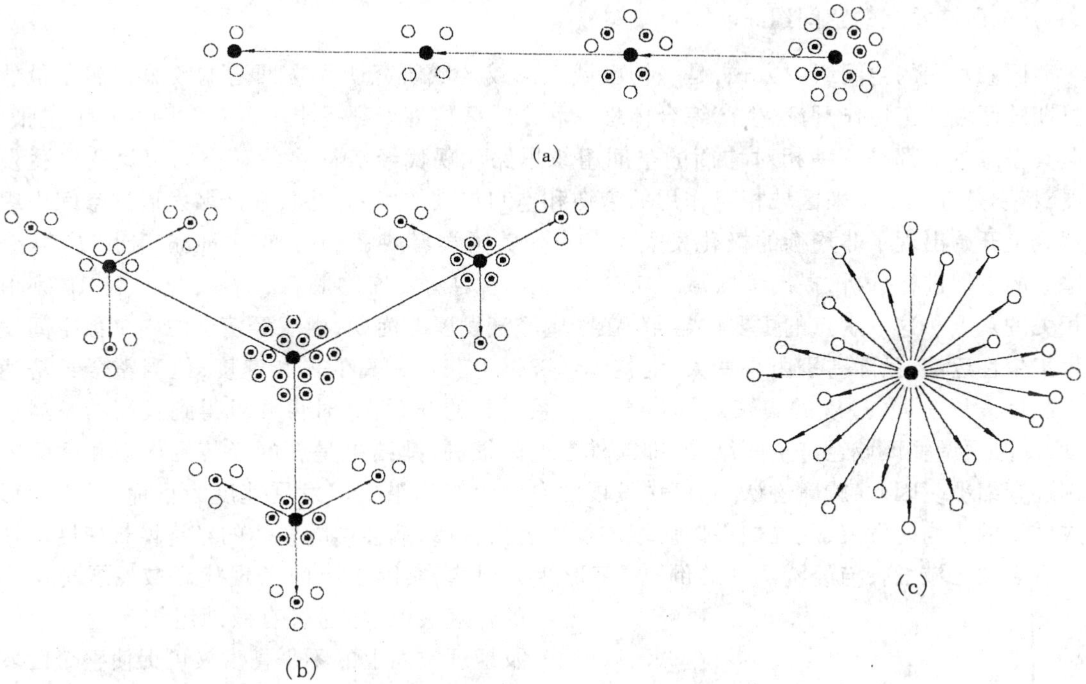

图 2-34　革新扩散的三种类型

四、效应差异理论

区域空间扩散和相互作用的效应差异理论是现代区域空间相互作用理论的又一个重要发展。这一领域的代表理论是瑞典经济学者、诺贝尔奖获得者缪尔达尔(G. Myrdel)1957 年提出的回流效应和扩展效应理论。缪尔达尔在分析区域经济增长时，发现区域的相互作用对某个区域而言可能存在完全不同的发展效应：一种是外围区域的经济增长，吸引了本区域的资金、劳力和原材料，削弱本区域的某些发展机会，从而对本区域的经济增长产生了不良的影响，即所谓回流效应；另一种是外围区域的经济增长，促进了本地区产品及原料市场增加，技术改良加快，就业机会扩大，从而对本地区的经济增长产生了有利的影响，即所谓扩散效应。缪尔达尔认为，在一般的情形下，由于经济活动在地理区位上的集中会产生成本的节省和经济效率的提高，在市场自发作用下形成一种循环和累积的因果关系，在加速若干区域经济发展的同时，也造成了其他地区产生衰退的趋向，并从根本上影响了整个经济的效益和社会的稳定。基于克服区域间发展不平衡的政策基点，缪尔达尔提出了通过一定的空间政策在区域相互作用中弱化回流效应，增强扩展效应，以达到地区经济相对均衡增长的局面，从而形成了区域空间相互作用理论的一个新领域。

第六节　区域发展的空间组织与增长极核理论

一、区域发展的空间组织

区域发展的空间组织方式，是一切区域理论或区域研究所无法回避的政策归属。虽然早期的区域分工协作理论、生产综合体理论和产业区位理论都提出了各自鲜明的政策主张，但其在总体上都是一种相对均衡的空间组织思路。现代经济社会活动空间集聚的迅猛发展，特别是近几十年来区域相互作用的密切和空间扩散作用的加强，在区域发展的空间组织理论上开始出现了非均衡的极化发展思路。如美国学者威廉逊(J. Willianson)利用了24个国家的数据进行分析，提出了区域经济增长与区域均衡发展之间存在着明显的倒"U"字形相关的观点。这一观点的主要内容是：在区域经济发展的前期，由于经济资源向少数空间发生集聚性运动，区际差别由小变大，但整体经济仍可获得较高的增长速度；但当整个经济达到高度发展阶段，过度的集聚规模将产生一系列新的问题，这时再要求得到较高的发展速度，就必须调整区域经济空间结构，即向外围地区推进，其结果是新的经济区出现和区际差别逐渐缩小。因此，威廉逊认为，区域发展的空间组织如果要以发展速度为目标，就必须形成区域的非均衡发展，反之如果以区域均衡发展为目标，就会影响整体的经济增长速度。这一著名的区域增长与经济发展的倒"U"字形相关规律，实际上反映了现代区域发展理论界的普遍共识，即通过有效地组织产业部门间及地理空间上的不平衡发展可促使整个区域经济的快速发展，因而实践上也受到了区域规划工作者和决策者的普遍重视(图2-35)。

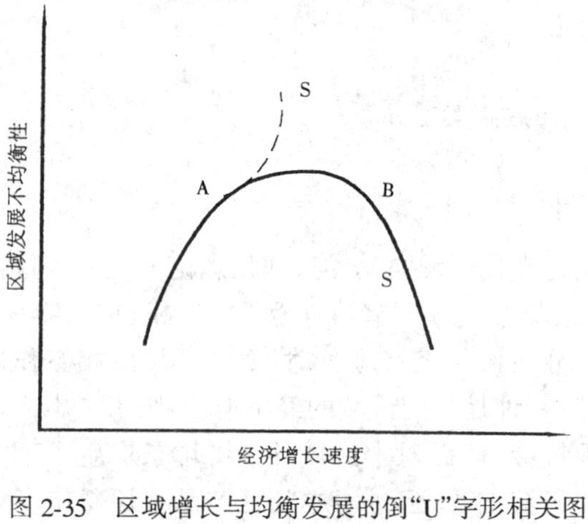

图2-35　区域增长与均衡发展的倒"U"字形相关图

二、增长极核理论

增长极核理论是各现代区域发展组织理论中理论解释较为完备、实际运用十分广泛的最具代表性的理论。这一理论首先由法国经济学者弗朗索瓦·佩鲁(F. Perroux)于50年代提出的，后经赫希曼(A. O. Hirschman)、鲍得威尔(J. Boudeville)、汉森(M. Hanson)等美、英学者进一步发展和扩充成熟起来的。

佩鲁在对经济发展过程的观察研究中，对经济空间进行了分析并作了分类，他认为存在着三种类型的经济空间，即由计划规定的经济空间、作为力的作用范围的经济空间和作为同质内容之集合的经济空间。尤其是作为"受力场的经济空间"是由若干中心(或极核、焦点)所组成，各种向心力或离心力则分别指向或背离这些中心。每个中心的吸引力和排斥力都拥有一定的场，它们与其他中心的场相互交汇。这些空间即是增长极的出发点。佩鲁认为，经济增长不是在每个地区以同样的速度进行，相反，在一定的时期，增长的势头往往集中在某些主导经济部门和有创新能力的行业，而这些部门和行业由于追求外部经济效果，往往集中在区位较好的地点，通常是地区的大中城市，这些城市就成为地区经济的增长极核。同时，这些极核对周围地区又有一种辐射扩散效应，凭借这种效应，增长极核即在主导部门和创新行业周围吸聚了日益增多的相关部门、延伸产业和辅助性厂商,以及提供社会服务的大量第三产业,起到了生产中心和市场枢纽作用,又将这种增长和发展的势头通过技术组织、生产要素、市场、信息等渠道向周围地区扩散,从而带动所影响地区的经济发展。

佩鲁认为,增长极核的是否存在,首先决定于有无发动型工业,即所谓能带动城市和区域经济发展的主导经济部门和有创新能力的行业。佩氏认为,这种发动型工业应该是产品增长率特别高,与其他产业关系特别密切,产品市场需求弹性高且增值效果好,具有高度的空间集中倾向的工业部门。一组发动型工业聚集在某一地点,随着其生产的发展和规模的扩大,将吸引关联工业的发展和集中,推动经济的极化(polarization)和扩散(spread)过程,从而形成获得最高的经济效益和较快的经济发展的增长极核效应。

赫希曼对佩鲁增长极核理论的发展,是将空间组织概念引入到增长极核中,将佩鲁含糊地提到的空间集聚加以深化和阐述。赫希曼指出,从地理的角度而言,增长必然是不平衡的,不会同时出现在每一地区,而一旦经济发展在某一地区产生了发动型工业或主导工业(master industry)时,则该地区就必然产生一种强大的力量使经济发展进一步集中到该地区,成为增长的极核地区(core region)。赫希曼认为,增长极核理论可作为一种政策工具的基本依据在于以下三点:其一是由于集聚经济的存在使增长极核地区自身成为一种高效的发展地区;其二是在增长极核的自身投资中公共开支方面的费用小于大范围的全面补助性开支;其三是增长极核的"淋下效应"(即扩散效应)有助于根本上解决周围落后地区的发展动力问题。其他一些学者对这一理论的发展还包括对发展型的增长极核和调整型的增长极核的区分,对增长极核和增长中心的区分,等等。一般认为增长中心主要是从经济集聚的外部效应出发,不涉及企业类型的选择,强调创造出吸引工业布局的基础设施和发展氛围,偏重于增长中心自身的发展,而不涉及其扩散效应。由于实际上增长极核理论包括了区域理论的很多分支理论和有关的分析工具,如经济基础理论、空间集聚理论,供给面理论、革新与扩散理论、产业关联与复合体分析、空间传递分析等,因此,不少学者认为,此理论是一般区域发展空间组织理论的基础,很有潜力发展成为一个完备的总理论。

作为一种政策工具,增长极核理论已先后在法国、英国、意大利、巴西、刚果等国的区域规划中得到了广泛的应用,根据这一理论而设计出的区域增长极核模式,著名的有巴黎大都市地区规划的平衡式极核、英格兰东北部和苏格兰中部的增长极核、意大利南部区的巴厘-塔兰托-布林迪西增长综合体、巴西内陆地区的巴西利亚极核,等等。实践推行的结果,既有成功的榜样,也不乏失败的例子。分析其经验教训,成功的因素主要包括:预先有周详的计划和决心,增长极核本身地理条件优越和基础设施条件齐备,对邻近地区成功地进行了前向联系和后向联系的政策设计,等等。值得指出的是,增长极核理论也被我国区域经济计划和生产力布局部门所接受,在全国和各省区经济空间组织的梯度推移、轴线开发和点轴开发等三种模式中,以增长极核理论为基础的点轴开发模式得到了尤为广泛的推行。

第七节　区域研究的计量分析模式

与区域理论同步发展的,还有区域分析技术和方法的发展,在现代突出地表现为大批区域计量分析模式的涌现。在区域研究领域中,长期以来人们的要求只限于客观全面地描述和简单地定性解释,研究的方法也主要限于实地考察、统计图表、分布地图和形态描述等四类。这些研究方式，对于客观和全面地记述区域特征、进行简单的空间关联分析无疑是可行和有效的。现代区域研究思想和技术的发展也并没有摒弃它，而是不断地使其系统化、科学化，尤其是弥补传统区域研究技术的缺陷。由此，出现了本世纪50年代以来区域分析技术上的“计量模式”革命。

现代区域计量分析技术的发展，首先应归功于数学统计方法的革新及其向区域研究领域的传播。本世纪初起，少数学者已开始尝试用简单统计分析方法分析区域空间现象，如反映区域中城市相互作用的引力模式、中心地理论的中心度等级量化，以及可以用来描述地区结构不均衡的罗伦茨曲线(Lorenz's Curve)等。1936年美国经济学者列昂节夫(W. Leontief)发明了投入-产出分析方法，对区域研究方法的革新产生了较大影响。从50年代开始，艾萨德应用了投入-产出、数理统计、线性规划等数学方法来描述、分析和模拟区域发展中大量的实际问题。伯德在1963年首次提出了“计量化革命”的概念，并发表了因子分析的论文。此后大批的地理、经济、工程学者也加入到区域发展的计量研究中来，并取得了一系列的理论突破和技术创新，从而形成了50～70年代规模巨大的区域研究技术数量化的高潮。至70年代中期，一般认为“计量革命已经结束”，但计量方法，包括计量地理学、计量经济学在区域研究中的应用阵地也牢牢地保留了下来，并仍有进一步的发展和完善。总括这一时期各项计量分析技术的发展，主要包括以下几个方面：

一、描述统计技术

描述统计技术也称简单统计技术，它以各种统计特征参数描述概括区域要素普遍存在的随机性的时空分布特征及它们之间的相互关系，计算简便、应用较广。包括各项参数的极大值、极小值、极差、平均值、众数、中数、分位数、r分位数计算；描述各项参数空间结构特征的概率分布函数、方差、标准差、变异系数、区位商、集中化与分散化指数、累积频率和累积频率曲线(罗伦兹曲线)分析；描述各项参数因果特征的线性相关系数、等级非线性相关系数、τ相关系数等；描述各项参数时间序列特征的峰度系数、偏数系数、线性自相关系数、线性时关系数等。

二、回归分析技术

回归分析技术是以归纳法建立起来的区域要素因果关系的一组数学模型，其数学背景是统计最小的误差平方和最小二乘法则，主要在假设影响区域演进未来因素保持不变的条件下进行区域发展预测。包括最简单的线性回归(非线性相关关系可进行函数形式变换进行线性化处理)、多要素作用的多元回归、主次要素剔选的逐步回归、趋势面分析等。此外还有非最小二乘法背景的灰色系统分析预测等。

三、数字分类技术

数字分类技术是多元统计方法中应用于事物分类的统计技术的总称。它包括以专家经验分类为出发点逐步调查的判别分析，以“相似系数”和“距离度”为基础的聚类分析(又包括图论聚类、逐步聚类和模糊距离等)、识别计算主导因素和各因素得分并可进行简化分类的主成份分析和因子分析，以及主坐标分析、标准相关分析、对应分析，等等。

四、决策优化技术

决策优化技术是根据一定的条件和要求作出最优化决策的数学方法的总称。它包括以区域投入-产出数据矩阵为基础、研究区域发展方向与综合平衡线性关系式的最优解的线性规划方法、以0或1取值方法研究区域资源分配或企业布局的最优效果的0-1规划方法、以整数取值或混合整数取值研究区位决策的整数规划和混合规划、出现非线性关系式的非线性规划、以一组目标函数研究区域决策多目标优化的多目标规划、分解研究含有多个子系统的复杂区域系统的动态规划、图论分析区域网络、结点和建设程序的PERT和CPM网络最优化技术、得失多方案权衡优化的决策论和博奕论、建立在专家经验基础上的专家调查法、模糊评定法和层次分析法、数值模拟区域系统动态过程的反馈协调的差分方程、微分方程和系统动力学理论、应用于开放性的自组织系统的耗散结构理论、协同学理论、突变理论,等等。

五、过程分析技术

过程分析技术用以描述和预测事物或现象空间分布状态的过程变化,最为常见的是马尔柯夫链模式。其应用前提是假设某一时刻空间分布的转移与此前系统状态无关,且转移到达状态与转移次数无关(即为马尔柯夫过程),从而构成一组转移概念矩阵进行求解,在人口分布等一系列随机的空间过程分析和预测中有着广泛的应用。

六、系统分析思想和电子计算机技术

近十多年来,系统分析思想和电子计算机技术在区域研究中的应用又一次推动了区域分析和规划预测技术向广度和深度发展。虽然区域研究技术的计量化取得了一系列瞩目的成果,但实践中日益复杂和多元化区域问题使人们建立在统计归纳思想方法基础上的单纯的因子分析、回归分析、结构分析、概率论等数学方法仍未能完整地、精确地解决发展的预测和规划问题。根本的原因就在于未能逻辑化揭示要素间相互作用的机制,从而无法在根本上预测和演绎它们的动态发展。而要开展区域内部作用机制和预测的研究,实际上要求突破早期计量方法的统计归纳思维的局限性,应用系统论、控制论的基本思想,借助电子计算机高速处理大量数据的特殊功能,推动区域计量技术发展进入以区域投入-产出模型、系统动力学模型和区域决策模拟模型为代表的区域动态模型的新阶段。这一区域规划动态模型发展的新阶段,在区域人口模型(包括人口增长、结构变动、分布迁移等)、土地利用规划模型(如著名的劳利模型,包括了12个专项子模型)、交通模型(包括交通量发生、交通量分布、交通方式选择、交通量最优分配等四类模型)、公共设施模型、住房预测模型等领域已取得实质性的进展。

此外,电子计算机技术在区域研究中应用的另一个重要突破,是区域信息系统技术和计算机制图技术的发展。区域信息系统给传统的区域资料收集、存储和利用带来了革命性的变革,并增添了卫星和航空遥感技术,因此,资料更为完备、系统,并有利于更新和共享。计算机制图可利用存储的资料信息直接绘制各种类型的分析地图,大大缩小了绘图的周期和人力,提高了出图的质量和准确性,进一步发展和完善了区域研究独特的地图分析技术。

本章提要:

本章系统介绍了区域规划的基础理论体系,从区域规划基础理论的主要思想、内容及这些理论在实践中应用的实效性等方面进行了阐述。这些基础理论包括区域资源差异与分工协作理论、区域产业结构的关联和地域生产综合体理论、产业空间布局的古典区位理论、空间集聚理论与现代区域空间结构理论、空间扩散理论和潜力理论、区域发展的空间组织和增长极核理论,以及区域研究中的计量分析模式。

参考文献

1. A·赫希曼.经济发展战略.北京:经济科学出版社,1991年
2. 曹廷藩等.经济地理学原理.北京:科学出版社,1991年
3. 崔功豪等.城市地理学.南京:江苏教育出版社,1992年
4. 方甲等编译.西方经济发展理论.北京:中国人民大学出版社,1989年
5. 洪银兴等.发展经济学通论.南京:江苏人民出版社,1990年
6. 胡乃武主编.国外经济增长理论比较研究.北京:中国人民大学出版社,1990年
7. 林炳耀.计量地理学概论.北京:高等教育出版社,1986年
8. 许学强等.现代城市地理学.北京:中国建筑工业出版社,1988年
9. 杨吾扬.区位论原理.兰州:甘肃人民出版社,1989年
10. 张万清主编.区域合作与经济网络.北京:经济科学出版社,1987年

第三章　区域规划的基本内容

第一节　区域规划概述

一、区域规划的概念、性质和任务

区域规划是指在一个特定的地区范围内，根据国民经济和社会发展长远计划和区域的自然条件及社会经济条件，对区域工业、农业、第三产业、城镇居民点以及其他各项建设事业和重要工程设施进行全面的发展规划，并做出合理的空间配置，使一定地区内社会经济各部门和各分区间形成良好的协作配合，城镇居民点和区域性基础设施的网络更加合理，各项工程建设能更有序地进行，从战略意义上保证国民经济的合理发展和协调布局，以及城市建设的顺利进行。简言之，区域规划就是在一个地区内对整个国民经济建设进行总体的战略部署。

区域规划是一项具有高度的综合性、很强的区域性、突出的战略性和相当的政策性的规划工作。首先，区域规划是一项内容复杂的综合性规划工作。它是区域自然、经济、社会和技术的有机结合，包括区域内各部门、各地区间生产协作的发展与布局，并涉及近期和远期、区内和区外种种复杂的关系和联系，头绪多，矛盾复杂，需要大量的综合平衡与反复论证。其次，区域规划是一项区域性很强的工作。由于各个地区具有不同的发展背景、基础和条件。因此，不同地区国民经济建设的部署方向和方案，必须以不同地区的各自特征出发，视地区具体条件而定。可以认为，因地制宜的区域性原则，是区域规划工作基本的出发点之一。再次，区域规划工作具有突出的战略性，区域规划研究的核心，是国民经济和社会发展中带有全面性质、长远性质的战略部署，是区域各项事业和基础设施的建设总纲。因此，科学的和有远见的区域规划，可以避免低效益的单独建设和不必要的重复建设，可以合理安排区域重要产业和基础设施的有序建设，从而对区域经济建设的全局和各组成部门产生深远和巨大的社会、经济和生态效益。最后，区域规划还是一项政策性很强的规划工作。区域规划除了涉及方方面面的技术经济内容外，还涉及到大量的政策问题。因此，区域规划工作者除了具有扎实的专业技术和广博的知识基础外，还必须有厚实的理论素养和相当的政策水平。在新形势下，尤其需要去掌握社会主义市场经济条件下经济社会发展和布局的新规律、新机制和新特征，并以多样化、灵活性和行之有效的政策规划来解决当今区域规划中可能出现的新矛盾和新问题。

区域规划在整个国民经济的规划体系中，具有不可缺少的重要地位。它既是国民经济和社会发展长期计划在地区层次的继续和空间部署的具体化，也是城市发展规划和各项专业规划编制的基础依据和总体规定。区域规划与国民经济计划的关系，从其相互联系的方面而言，区域规划应根据国民经济计划已确定的项目，结合本地区的条件作具体的部署，为国民经济计划的实现创造条件,使之落实在可靠的基础上。而区域规划对国民经济计划中有不适合地区具体情况或有重要遗漏的部分,应进行积极主动的修改、补充和发展,从而使地区资源利用和经济发展更为充分有效,布局更为合理。从区域规划与国民经济计划相互差异的方面而言,国民经济计划重点在于确定国民经济和社会发展各部门的发展水平、速度和比例关系,计划时限一般也不太长,对空间考虑则是粗线条的。而区域规划重点则在于从地区的发展条件和方向出发,落实国民经济计划的空间部署,同时也可为编制更长远的地区经济计划提供基本资料或依据。

区域规划和城市规划的关系也十分密切,区域规划是城市规划的重要依据,城市与区域是“点”与“面”的关系,一个城市总是和它对应的一定区域范围相联系;反之,一定的地区范围内必然有其相应的地域中心。从普遍的意义上说,区域的经济发展决定着城市的发展,城市的发展也会促进地区的发展。因此,城市规划必须以区域规划为依据,从区域性的经济建设发展总体规划着眼,否则,就城市论城市,就会成为无源之水,难以把握城市基本的发展方向、性质和规模以及布局结构形态。实际上,我国各级城市建成区的迅猛发展,不仅已超越了空间形态上一个个孤立的“点”,而且是拥有了一定地域广度的“面”,其功能要素的布局向周围区域呈跳跃性发展,这促使城市规划和区域规划之间形成一种更为密切的关系。因此,在尚未编制区域规划的地区进行城市规划时,首先必须进行城市发展的区域分析,从而为城市性质、规模以及布局结构的确定提供科学的基本依据。

区域规划的任务,简言之,就是促使区域生产力合理布局,各项建设事业协调发展。一般而言,其具体的内容包括:

1. 全面掌握地区经济和社会发展的基础资料,确定规划地区经济社会发展的基本方向

地区经济和社会发展的基础资料,是编制区域规划的基本依据,它包括地区自然条件(土地、水、气候、生物、矿产、景观等)、社会资源(人口和劳动力的数量、年龄构成、就业构成、劳动技能、文化素质等)和经济资源(指在某地区内已积累的物质财富,包括工农业生产、交通运输、水利能源、城乡建设等物质技术基础)等。在掌握地区发展全面资料的基础上,必须根据国民经济计划和地区具体的自然、经济条件和建设条件,按照生产力布局的基本原则,明确规划地区在全国(或全省)的经济地位和地域发展方向,拟定本地区各产业发展的合理结构,主导经济部门及其发展水平、速度和比例关系,提出整个区域发展的规划纲要。

2. 搞好区域工农业生产的合理布局

工业合理布局是区域规划中的主要任务之一。首先,要对工业分布的现状进行分析,揭示问题和矛盾,以便从根本上去解决。其次,要根据地区发展的规划纲要,结合地区经济、社会、历史及地理条件,将各类工业合理地组合布置在最适宜的地点,使工业布局与资源、环境及城镇居民点、基础设施等建设布局相协调。

农业是国民经济的基础。农业的发展与土地的开发利用关系特别密切。发展农业,就要结合农业区划提供的情况,因地制宜地安排好农、林、牧、渔等各项生产用地;加强城郊副食品基地的建设;妥善解决工、农业之间以及农业与各项建设之间在用地、用水、能源等方面的矛盾。

3. 拟订区域人口和城镇居民点体系的发展规划

人口是开发利用土地、发展生产必不可少的社会资源,而发展生产的主要目的则是为了满足人民日益增长的物质和文化生活的需要。区域规划在开发利用土地的同时,要搞好地

区城镇居民点规划。这就要求对地区城乡人口的变化和城镇人口的增长趋势进行预测,解决好人口的合理分布,拟订与工农业发展相适应的、不同等级和不同规模的城镇居民点体系,为地区城镇居民提供良好的工作、居住和生活环境,并考虑以各级中心城市(镇)为依托,带动广大地区的发展。

4. 统一规划区域性公用基础设施

发展生产和改善城乡人民生活,都离不开交通运输、能源供应、给排水、生活服务等公用基础设施。这些基础设施的构成和布局必须同工农业生产和城镇居民点体系的布局互相协调配合。如单项工程的建设要根据各自特点与要求进行布局,使之既能形成本身的完善体系,又要与其他专业工程设施的建设相协调。例如,水利建设在开发利用水资源时,就要综合考虑并解决部门之间和地区之间用水的合理分配,再进行地区水利建设规划。

5. 重视环境保护,建立区域生态系统的良性循环

由于社会化大工业生产和资源的大量开发,引起了生态环境的变化和环境的污染,环境保护已成为人们普遍关心的问题。防止水源地、城镇居民点与风景旅游区的污染,保护有科学意义的自然区和历史文物古迹,建设供人们休憩的场地,已成为人们普遍的呼声。区域规划应力求减轻或免除自然灾害的威胁,恢复已被破坏的生态平衡,使大自然的生态向良性循环发展;还应进一步改善和美化环境,对局部被人类活动改造过的地表进行适当修饰,搞好大地绿化和重点园林绿地规划,丰富文化设施,增加社会休憩活动场所。

6. 统一规划,综合平衡,以求达到最优的社会经济效果

统一规划,综合平衡,是区域规划的基本方法之一。要作多方案的技术经济论证与比较,选择经济上合理、技术上先进、建设上可行的最佳方案,以求达到最佳的经济效益、社会效益和生态效益。

此外,区域规划与国土规划在概念上较为接近,两者同属于以国土开发利用和建设布局为中心的、从战略高度上进行的地域性综合规划,在区域层次上有相当的规划复合性,世界上一些国家如日本、法国等就将区域规划统称为国土规划,表明这两者的区别不具有绝对的意义。如进一步比较其差异,一般来说,国土规划主要是依据自然资源和社会资源的合理开发进行的战略布局,考虑的问题更为宏观和长远,往往并不涉及到具体的建设方案和计划安排,并能为国民经济长远计划提供较为可靠的依据。而区域规划则受到国民经济计划的影响,侧重在一个地区各项建设的空间部署,一般包括了区域开发和建设的具体布局方案和计划时序,并可通过城市规划和专业部门发展计划得以贯彻实施。

二、区域规划的编制依据和基本原则

1. 区域规划的编制依据

所谓区域规划的编制依据,指的是规划编制的前提资源赋存和社会经济发展条件,实际上也就是区域社会经济赖以发展的基本因素:

(1) 地区资源条件　这是地区经济发展的物质基础。主要指矿产资源、河湖水库及地下水资源、海洋资源、森林资源、生物资源、农业资源、劳动力资源以及自然景观资源,等等。要求提供的资源应是查明可供规划期内开发利用的那部分资源,而不是潜在的资源。地区的资源条件,直接影响地区经济发展的方向、经济结构和具体内容,一项具有全国或全省意义的重要资源,往往会成为地区经济发展的支柱。所以,资源查明与否,是能否顺利开展区

域规划的重要条件。

(2) 地区自然条件　主要指农业生产和其他经济部门所要求的自然条件。前者,应根据农业现代化要求,对影响农业生产发展的自然条件(主要指气候、土壤、地貌和水文等条件)进行全面调查,综合评定,充分利用有利因素,克服和改造不利因素,拟出综合开发利用的规划方案。后者,指对工业和其他经济部门(交通、建筑、基础设施等)在建设、布局上有影响的自然条件,如地质、地形、气候和水资源等条件,以及对各类工程的自然灾害,如地震、台风、滑坡等,在一定程度上影响至巨,必须认真进行综合评价与分析。

(3) 地区技术经济条件　包括地区生产力发展的历史、现有基础及其构成、水平和技术特点等。一个地区的经济基础是经过长期历史形成的,也是进一步发展的重要因素。对原有基础应深入调查研究,扬长避短,贯彻挖潜、革新、改造和提高的方针。对基础薄弱的地区,必须贯彻因地制宜,发挥地方优势,有重点地建设。在具体安排时,点不能太分散,要适当集中;同时,要注意加强协作,考虑必要的配套工程。

(4) 国家对地区经济和社会发展的长期计划和要求　国家对某一地区的国民经济和社会发展长期计划明确规定了该地区在全国或全省所处的地位和作用,以及今后发展的规模、速度和方向等。这就给区域规划提供了基本的依据。在尚未制订国民经济和社会发展长期计划的地区,应当对区域经济发展方向,如区域的经济结构、发展速度进行科学预测和综合论证,从而使区域规划建立在切实可靠的基础之上。

2. 区域规划的基本原则

区域规划有了充分可靠的依据,还必须从全面发展地区各项建设事业着眼,遵循以下基本原则:

(1) 全国“一盘棋”的原则　在规划中,一定要从我国国情出发,树立全国“一盘棋”的思想,统筹兼顾,全面安排,综合平衡。要正确处理整体与局部、重点与一般、工业与农业、城市与乡村、生产与生活、近期与远期的关系。

在一个地区的发展与建设中,往往在工业企业之间、工业企业与国民经济其他部门之间、与相邻地区之间会发生许多问题和矛盾,有时从个别企业、个别部门甚至本地区的观点看,是有利的,也是可行的。但是,从全局和长远利益的观点看,就不一定有利,也不一定可行。这是经常发生的。过去,某些建设就只注意部门利益,忽视全局利益,注意眼前利益,忽视长远利益;注意经济效益,忽视社会和生态效益,到头来付出了很大的代价。这种教训是应该吸取和尽量避免的。

(2) 承认和自觉运用地区经济发展不平衡的规律　我国是一个人口众多、疆域辽阔的发展中大国。各地自然条件与资源蕴藏优劣多寡不一,原有经济和技术基础强弱不等,因而投资效果相差悬殊。在生产力布局上有两种做法:一是强求各地区经济发展达到同一速度,一起实现现代化;一是集中国家有限财力、物力优先利用和开发那些投资效益高、见效快的地区,保证这些重点地区经济更快地发展,以加快整个国民经济的发展速度。前者,主观愿望是好的,但往往事与愿违,结果是谁也上不去,谁也上不快,到头来延缓了整个国民经济的发展。后者,则以有限的投资争取了较高的发展速度与较多的积累,然后才有力量支援条件相对较差地区的发展,切实有效地逐步缩小地区之间经济发展水平的差距。

承认地区经济发展不平衡,通过每个时期有“重点”的“不平衡”发展,才能在一个较长的历史时期内逐步地实现地区经济发展相对均衡化,缩小各地区经济发展水平间的差距。这种“相辅相成”的道理，不仅为我国40多年来工业布局的经验教训所证明，也为其他许多国家工业布局演变的历程所证明。

(3) 因地制宜，发挥优势　遵循社会劳动地域分工的客观经济规律，扬长避短，发挥优势。马克思说：“一个民族的生产力发展的水平，最明显地表现在该民族分工的发展程度上。”(《马克思恩格斯选集》第1卷第25页)这既包括部门、企业间的分工，也包括把一定生产部门落实在国家一定地区的地域分工。

各地自然资源与自然条件不同，同类资源“自然丰度”的地区差异，是劳动地域分工的自然基础；各地现有经济发展水平与特点和经济地理位置的不同，生产的集中化、专业化效益不同，各地区生产诸要素的不同，以及需求关系与地区价格差异，是劳动地域分工的经济基础，最终反映为不同地区同种产品生产费用的区间差异。充分利用地区分工的绝对利益和比较利益，趋利避害，扬长避短，因地制宜确定各地区经济发展的重点部门与行业；围绕地区优势部门，适当综合发展，建立符合各地不同特点的地区经济结构；破除不顾条件、各地区都要自成体系的老框框，杜绝不必要的重复布点，重复建设；这是提高经济效益的必由之路。

(4) 合理布局，保护环境，有利生产，方便生活　遵循社会主义基本经济规律和生态平衡的要求，按照有利生产、方便生活和保护环境的要求，确定工业基地与城镇的适当规模，防止工业过分集中和过分分散。在各项生产性项目的建设性布局时，必须同时考虑职工与居民的生活服务、文化教育、休息娱乐等生活性设施的建设布局和环境的保护与改善。

基本建设的布局要有利于城镇向合理的方向与规模发展。从总体看，要有利于促进全国性、地区性的大、中、小城镇(经济枢纽)体系的形成，并通过多种运输方式组成的综合运输网，把城镇之间和城镇与广大农村联系起来，形成渠道畅通、周转灵活的国民经济体系，以促进工农业和城乡之间的相互支援，逐步缩小城乡差别。

(5) 有计划有步骤地发展少数民族地区和边疆地区的经济文化建设　大力扶持各少数民族地区和边疆地区的经济文化建设，逐步缩小和消除历史遗留下来的各民族政治、经济、文化的不平等，是社会主义现代化建设中的一项重要历史任务，也是巩固、加强民族团结，保证我们这个多民族国家社会主义现代化建设顺利进行的重要条件。

发展少数民族地区和边疆地区的经济，一定要从地区实际情况出发，对于具有国家急需开发的自然资源，在开发条件基本具备的地区，可以建设一些大中型骨干企业。对于大多数尚不具备重点建设条件的地区，应该从发挥农、林、牧、渔和各种山货土产资源的优势出发，开展“一域一品”运动，首先兴办对这些资源进行初步加工和直接为开发这些资源服务的工厂，随着各地技术力量的增长和其他条件的逐步具备，再进一步发展各种精细加工工业。同时，要注意扶持、提高地区的民族传统手工业和具有民族特色产品的生产。这样，既可发挥少数民族地区和边疆地区现有的经济优势，满足当地人民的需要，也为今后进一步发展、培养技术力量、积累经营管理的经验打下了基础。

(6) 国防安全原则　社会主义国家生产力的布局，既要求在和平时期有利于加快国民经济发展与人民物质和文化生活的改善，也要求在战争时期能经受住战争的考验，有效地抵御敌国的侵略和突然袭击。反映在工业地区布局上，要妥善处理国防前沿地区和腹地的关系，重要工业与产品的生产能力，应纵深配置，要有若干地区分散布置的同型企业；在地点布局上，防止过度集中，避免在一个工业区集中过多的重要工厂；对于大多数常规武器和一般军品的生产，根据平时需要量很少、战时需要量激增的特点，应该在民用产品工厂组织“军品动员”生产线，或在军工厂生产民用产品，作到平战结合，使国防安全的原则和提高经济效益原则得以统一。

上述各项原则，从不同的侧面与层次，反映了社会主义生产力布局客观规律和影响生产力布局的经济规律、自然规律与技术发展规律。各原则之间彼此联系、相互补充，在实践中应融汇贯通、综合运用；切忌孤立分割、偏执一端。只有把“一般”要求和不同时期、不同地区、不同部门和企业的具体特点结合起来，才能得到符合客观实际的结论，作出科学的决策。随着社会生产力的发展和科学技术的进步，生产力的布局也将日新月异地变化。无疑，指导区域规划的原则，将随着历史的发展而发展，在实践中得到不断检验、补充和完善。

三、区域规划的类型体系与主要内容

1. 区域规划的类型体系

区域规划是以特定的区域为研究对象的，不同属性和特征的区域，往往在规划目标和内容上有所不同。为了研究简便和易于掌握规划要领，常将区域规划划分为若干类型，由于观察和分析的角度不同，其划分方法也是多样的。根据我国区域规划的开展情况，一般可分为两大类：

第一大类　按建设地区的经济地理特征来划分，可包括以下类型：

(1) 城市地区区域规划　主要指以大城市或特大城市为中心，包括周围若干小城镇和郊区、县的大城市地区（如上海、北京、天津、武汉、重庆等特大城市地区）和大中小城市集聚地区的区域规划（如苏州、无锡、常州地区，长沙、湘潭、株洲地区等）。这类地区一般都是地理位置优越，交通方便，综合性加工工业发达，为全国或全省的经济核心地区。规划的重点是要解决城市之间的合理分工与协作，工业布局的调整和改善，大城市市区规模的控制，中小城镇的发展与建设，基础设施的加强，区域性的环境治理与保护，以及副食品供应基地的安排等主要问题。

(2) 工矿地区区域规划　主要指在开发利用自然资源的基础上形成和发展的地区。这类地区，在规划上要重点解决以下问题：合理开发利用自然资源，确定发展何种加工工业及其位置，合理解决矿区开发、工业建设与农业生产之间的矛盾、治理三废和提高环境质量的措施，以及对外交通和居民点的布置，等等。

工矿区区域规划，又可按主导工业部门再进行划分：有煤炭燃料动力工业地区规划，如山西、两淮、鲁西南等煤矿地区规划；石油及石油化工工业地区规划，如大庆、胜利等油田与石油化工地区规划；冶金工业地区规划，如鞍山、攀枝花等冶金工业地区规划；森林及其加工工业地区规划，如伊春，等等。

(3) 农业地区区域规划　指农牧业基础较好，或发展潜力较大，工业以农产品加工为主的地区，例如黑龙江三江平原地区、江汉平原地区等。这类地区要解决的问题有：土地的开发和利用，交通运输网和排灌系统的建设，农机具修配站、农产品加工以及居民点安排，农林牧的合理布局，等等。

(4) 风景旅游及休疗养地区区域规划　如桂林、峨嵋山等旅游地区的区域规划。这类地区规划的重点是：山水自然风景的保护，防止工业和旅游业对环境的污染，改善交通联系，增辟新的休息与游览地，调整工农业生产布局使其与旅游业的发展相互结合、相辅相成。

(5) 大中河流综合开发利用的区域规划　这是一种以大小不同的整个河流流域为范围

的区域规划。这类规划的重点，将侧重于河流的整治，水资源的综合开发利用，对防洪、灌溉、发电、航运、渔业、旅游等经济效益进行综合论证，流域范围内其他各种资源的开发，水库淹没地区的征地和迁移，以及工农业生产和城乡居民点的合理布局等。

第二大类　按各级行政管理的区域来划分，一般包括以下类型：

(1) 省域规划　这是在一个省范围内建立各具特色、不同水平、相对独立的区域经济体系的规划形式，在我国的经济建设中一直占据主要地位。我国省域范围很大，人口众多，资源丰富，有必要也有可能建立一定规模、各具特点的经济体系。同时，为了实行有科学依据的各级规划工作，应进行省域规划和省内经济区的划分，作为次级地区规划布局的基本依据。

(2) 市域规划或地区级规划　这是在省内地级市或地区所辖范围内进行的规划形式。我国省内的地区一级行政区，多由若干县或县级市组成，一般幅员不小，人口较多，具有基本的地区经济综合发展条件，建设规划布局的内容很多，城镇体系和区域基础设施网络也须在这一级地域范围内加以充分体现。特别是区域内大中城市的发展，以经济发展为主的生产生活建设项目在原有城市范围已摆布不开而向所辖市域大范围扩散，逐渐使区域发展和中心城市发展紧密联结。可以认为，市域或地区一级的区域规划，在我国按行政区划分的各级区域规划体系中起到了承上启下的枢纽作用，对发挥中心城市作用，加速地区经济发展具有尤为重要的意义。

(3) 县域规划或县级市域规划　这是我国区域规划的基层地域规划，主要是以县域或县级市辖域为范围。我国县域分布面广量大，县域经济中心与县域广大农村具有直接的紧密联系。开展县域规划工作，有利于更好地发挥基层经济组织的能动性和创造力，有利于更好地实现城乡结合、工农结合的布局原则，推进经济建设城乡一体化的进程。随着我国县级经济和乡镇经济的日趋繁荣，开展县域规划工作在当前阶段具有十分迫切的现实意义。

两大类型的区域规划，相比较而言，各有不同的优劣势和适用范围。第一大类规划的对象，是以区域形成的基本因素为基础的地域单元，集中反映了该地域类型发展及其布局的实质和特征。特别是在没有全面开展国土规划或经济规划的情况下，为了解决某一地区经济社会发展的特定需要，开展这类规划较为有利。缺点是与现行行政管理体制不完全一致，实施协调上有较大难度。第二大类的规划，则是以整个地区的综合发展规划为基础，欲解决整个地区的生产力综合配置问题。由于与现行行政管理体制一致，易于实施，有较大的现实意义。但是规划涉及的各项内容往往受现行行政区的局限，最好是从大到小逐级进行。同时，应根据区域经济上的联系性，允许打破现行不合理的区界，对区域范围进行适当的调整。

区域规划范围界限，是随着上述不同规划类型而不同的。一般来说，以行政区为范围的区域规划类型应不存在区域界线的确定问题，即这一类型的规划范围应以原行政区划范围为范围。但从实际发展情况看，在省级或地市级区域规划中，有可能出现行政区与经济区的界线不一致问题(包括大中城市的市带县问题)。这一问题的解决，其基本原则是行政区界限服从经济区界限，这是因为：经济区是随着社会生产力的发展而产生演变的客观存在的地域综合体，只有按照经济区进行区域规划，才能保证区域内国民经济各部门之间，工业企业之间以及各地区之间良好的协作配合和合理分工，从而促进区域社会经济健康和持续高效的良性发展。但也应看到，我国的行政区，特别是许多省级行政区，基本上已具有综合经济区的性质，因此，按行政区范围作为区域规划的范围，在绝大多数情形是可行和有效的。

对于区域规划中所谓区域范围界线问题，主要是指按地区建设的地理特征划分的规划类型，尤其是工矿地区及大城市影响地区区域规划的范围界线问题。这一类型区界的确定，应保持以下几个方面的原则：① 经济上的紧密性，包括从充分开发利用自然资源和发展地区经济体系出发，有利于合理组织国民经济各部门之间以及城乡地域之间的经济交流和相互促进；② 工程设施上的一体化协作性，有利于统一建设公用的交通、能源、水利等工程设施；③ 地理上的完整性和自然山脉、河流、湖泊等天然界线结合较好；④ 行政区划上的一致性，一般不打破基本的行政界线，以利于规划的组织实施。

2. 区域规划的内容体系

在进行各种不同类型的区域规划时，往往视具体规划地区的特点和规划目的任务，确定各自有所增减和有所侧重的特定内容体系。但就其基本内容来讲，则仍是较稳定不变的，主要包括四个方面：一是研究地域资源的开发和宏观区域背景的发展条件，确定规划地区经济发展方向和发展战略；二是研究工业、农业、第三产业、人口、社会事业等专项经济社会部门的合理发展与布局；三是确定区域市镇、交通、能源、水资源供应和生态与环境保护等基础体系的统一布局和配套发展；四是进行综合平衡，提出综合性的规划方案和实施建议。在实际规划过程中，通常按下列细分内容进行规划论证：

(1) 区域经济社会发展方向的综合评估　即在对区域自然资源、社会资源和经济资源特征全面掌握的基础上，对其利用和发展现状、优势、不足及进一步利用和发展的可能性作综合的技术经济评估，并通过对其发展宏观区域背景的分析和论证，提出区域经济社会发展的战略思想、目标、重点和布局框架。

(2) 区域工业规划布局　包括综合评价区域工业发展的自然资源条件、经济地理条件和现有工业基础；结合国民经济发展计划要求，确定区域工业发展方向和重点，确定区域主导工业、协作工业和一般工业的组成、项目和规模；对工业项目和建设地区进行分组、排队，确定区域工业布局的基本框架；合理安排各工业企业的布点，进行不同工业区的合理组织。

(3) 区域农业规划布局　包括农业生产自然资源条件、现有基础和社会经济条件的综合评价；依据上述发展条件和国民经济发展计划要求，确定区域农业发展的方向、规模、主要指标和总体部门结构；拟定区域农业各主要部门的发展布局规划；确定区域农业发展的分区规划；拟定区域农业生产技术和设施的发展改造规划。

(4) 区域人口与城镇体系的规划布局　包括综合评价区域与城市的发展和开发建设条件；预测区域人口增长，确定城市化发展目标；确定区域城镇发展战略；划分城市经济区；提出区域城镇体系的功能结构和城镇分工；确定城镇体系的等级和规模结构；确定城镇体系的空间布局；确定各时期重点发展的城市(镇)，提出近期重点发展城市(镇)的规划建议。

(5) 区域交通运输规划布局　包括综合评价区域交通运输设施的现状基础和发展条件；进行规划期内区域交通运输发展与需求的预测分析，明确区域交通运输规划需要解决的矛盾和问题；进行区域运输经济的总体规划，预测规划期内的交通发生总量；确定区域交通运输系统的战略布局和基本框架；按各种运输方式的技术经济特点，进行各专项运输系统的合理布局；研究区域综合运输系统的布局形式和内部组成。

(6) 区域电力系统规划布局　包括综合评价区域电力系统的现状格局和动力资源特点；根据区内经济社会发展需求，确定耗电定额，编制区域电力负荷；确定区域电力工业发展方向、发展水平，拟定电源布局方案；根据电力网现状和负荷中心预测，确定区域输变电网布局规则;进行近远期动力平衡,确定工程项目的进度。

(7) 区域水资源综合利用规划布局　包括综合评价区域水资源赋存特征和利用现状;根据区内经济社会发展需求,拟定耗水定额,预测需水总量与部门结构;依据水资源的综合和合理利用原则,确定主要工业、城市、农业供水规划;依据需要与可行的原则,拟定区域防洪规划、水力发电规划、航运改善规划和排水规划;进行近远期水量平衡,提出缺水地区各用水部门用水矛盾的解决途径与措施;拟定区域水利工程设施的布局规划。

四、区域规划的发展概况

世界各国区域规划的发展,与各国区域经济发展的进程是密切相关的,早期的区域规划始于对经济发展迅猛超常地区基础设施的统一协调性规划,如美国的纽约城市区域规划(1929年)、苏联的顿巴斯矿区规划(1934~1936年)等。20世纪30年代开始,尤其是第二次世界大战以后,经济工业化和社会城市化的急剧发展,以及生产力的巨大进步和生产力的广泛应用,迅速改变了原有的区域经济结构、社会结构和生活环境:工业和交通设施高度集中,大城市人口持续增长,土地供应越来越紧张,空气、水体等环境卫生状况严重恶化,等等,导致社会经济区域空间组织矛盾日益复杂化、尖锐化。在这种情况下,为了建立和保持区域生产、生活的适宜条件和状况,各国的区域发展纷纷提出了要对经济社会的地域结构进行重新调整,将工业生产适当分散布局,规划开发新区,控制疏散大城市人口,加强土地利用的管理,改善原有的区域交通运输网,进行环境保护与整治等。由此,区域规划被认为是解决这些问题的重要前提,成为区域立法和行政部门制定有关法令和区域政策的基础,得到了广泛的推行。

各国区域规划的开展首先是成立了一系列的规划机构,进行了规划立法工作。如在前苏联,规划组织和研究机构就有国家计委地区计划司、国家建委区域规划局、各加盟共和国区域规划设计院、中央城市建设规划设计院、科学院地理研究所、综合性大学地理系等。在德国,联邦政府中有地区规划、建设及城市发展部,颁布有区域规划法,各地区均有社团性质的区域规划协会或联合会,并拥有诸如区域研究与区域规划研究院、地理及区域规划联合研究所等历史悠久的地区性的科研机构。在英国,政府经济部中设有区域管理局,各地区都有较独立的区域规划委员会,其他还有如伦敦经济学院、区域科学协会等各种从事或涉及区域规划的学术团体或研究机构等。简言之,这一系列的区域规划机构,大体包括了政府主管部门、地方立法社团、专业学术机构等三大类,反映了各国区域规划由渐及盛的发展过程。

纵观世界各国区域规划的编制方法和内容体系,基本上可划分为两大类不同的模式,其一是以前苏联为代表的社会主义计划经济下的编制模式,另一是以前西德为代表的市场经济下的编制模式。在前苏联,区域规划是在国民经济和社会发展长期计划的指导下,在全国经济区划的基础上开展的,反映了计划经济下规划体系的完整性与系统性。前苏联区域规划的内容,主要是围绕着资源的开发和主要工业企业的布局,对城镇居民点和各项大型公用工程的建设作综合规划。同时,还有一种"地区(长期)计划"或"地区规划",是在经济区划的基础上,制定各加盟共和国经济区、州、边区等地区的长远综合计划,范围一般与州或州以上单位的行政区界相符合。而在德国,虽然没有全国经济区划和国民经济长期计划的基础,但区域规划的开展仍较普遍,大体上有两种类型:一是大型工矿区和大城市连片地区的区域规划,多以区域性基础设施的建设和调整,人口和劳动力的迁移,工业及各经济部门的调整,卫星城镇的建设为主要内容，一般多由地方群众团体组织规划；二是以州为单位的地区发展计划，多由州政府组织进行。主要内容有人口和就业岗位的发展，城市居民点体系的发展和分布，区域的基础设施及工业的改建和扩展，教育、科研机构、商业及风景保护区的规划等。这两种规划的内容，既有计划方面的，也有规划布局方面的，被称之为是在市场经济条件下的没有计划经济的计划，是对区内各部门和各地区之间矛盾、冲突的调整和协调，同样能起到空间发展政策和具体安排的作用。

我国的区域规划工作，是伴随着解放后大规模基本建设而开展的。在“一五”期间，为了落实重点工业建设项目，起初由各部门单独选厂，各自建设。稍后发现，在一个地区由各部门单独选厂，在用地、用水、用电、交通等基础设施方面的问题不易解决，或者重复建设增加投资，很不经济；或者要拖延建设进度，造成不应有的损失。于是由国家计委、国家建委组织有关部门到一些地区实行联合选厂，成组布置工业，协调部门发展，起到良好的作用。随着建设项目越来越多，且多在无工业的地区建设，基础设施要从头做起，有时要在不很大的范围内配置几个工业区和城镇，需要把该地区当做一个整体来进行统一规划。这样，联合选厂的形式和方法也不能胜任，而逐步发展为多学科、多部门、多工种、联合攻关、协作配合、统一规划、协调矛盾、综合平衡、多方案分析论证的区域规划。

1956 年 3 月在全国基本建设会议上就开始讨论区域规划工作问题。同年 5 月在国务院常务会议上通过的《关于加强新工业区和新工业城市建设工作几个问题的决定》中明确指出：“积极开展区域规划，合理布置第二个和第三个五年计划期间内新建的工业企业和居民点，是正确布置生产力的一个重要步骤”。同时，在国家计委、国家建委设置了相应的机构，建筑科学院成立了“区域规划与城乡规划研究室”，开展有关理论与实践的探讨。1956 年国家建委制定了《区域规划编制和审批暂行办法》，组织了计划、规划和经济地理工作者，在地方政府领导下，先后开展了茂名、个旧、兰州、湘中、包头、昆明、大冶等地区的区域规划。这对于合理布置工业生产力，组织地区协作，促进工业和城镇建设等起了积极的作用，并积累了一定理论与实践相结合的经验。

在第二个五年计划的头三年，全国各地基本建设大量上马，客观形势要求广泛开展区域规划工作。这期间，有贵州、四川两省按省内经济区划分的方式开展全省的区域规划。还有许多省(区)按行政区或重点地区进行了区域规划。1960 年初，国家建委在辽宁朝阳地区召开了区域规划经验交流的现场会议，推广朝阳地区区域规划工作的组织领导、规划方法和区域规划中各专业规划编制工作等方面的经验。1960 年冬，在长春召开了经济地理学术讨论会，曾集中讨论了区域规划的理论与方法等问题。这时所编制的区域规划，由于原定的“二五”计划的指标和建设项目早已被客观形势所突破，是在没有国民经济长期计划的情况下自行拟定的。受当时高指标、浮夸风的影响，区域规划也存在着脱离实际的倾向，经受不住实践的检验。当国民经济出现暂时困难以后，大批可不建或缓建的基本建设项目纷纷下马，国家主管区域规划的职能部门被撤销，各地的区域规划工作也随之停顿下来。在经历了十余年的发展低潮后，从 70 年代末起，随着国家工作中心转移到经济建设上来，区域规划工作出现了又一次发展高潮。1981 年 4 月中央书记处做出了开展国土整治工作的指示，同年 10 月设置了国土局，开始组织力量，研究编制《京津唐地区国土规划纲要》，同时进行了豫西地区、湖北宜昌地区、浙江宁波滨海地区、吉林松花湖地区、新疆巴音郭楞蒙古族自治州等不同类型的区域规划的试点。经国务院批准，上海经济区和山西能源重化工基地、东北能源交通规划、重庆市及其领导的各县，先后开展了区域规划工作，出现了以大城市为中心的经济区规划，强调以中心城市为依托，带动整个地区的发展。

1985年3月，国务院又再次强调了要编制全国及各省市区国土总体规划。此后，全国各地都组织力量陆续开展了国土资源的调查工作，积累了大量资料，规划工作也在全面地铺开。这一时期全国进行了33个地区的国土规划试点工作。1990年，国家计委在总结全国各地经验及借鉴国外经验的基础上，组织编制了全国国土总体规划纲要(草案)，内容包括国土资源的基本状况；国土开发整治的目标；国土开发的地域总体布局；综合开发的重点地区；基础产业布局；国土整治与保护；国土开发中几个问题的对策(耕地问题、水资源供需平衡问题、人口的地域分布和劳动就业问题、城市化问题等)；有待进一步研究的若干问题和规划纲要的实施。

目前，我国主要开展的有以国土规划形式和市、县域规划形式出现的区域规划。今后随着我国现代化建设事业的发展，区域规划将进入一个新的历史发展阶段。

第二节　区域工业规划布局

一、区域工业生产的特点、任务和规划内容

工业规划布局是区域规划各项规划布局中最复杂的一项规划工作，在工业区类型规划中，它又是规划的主体。编制好工业规划布局方案，将对整个区域规划布局起到主导的推动作用，这是因为，区域工业的布局是否合理，不仅关系到规划地区内工业建设的投资和经济效果、地区资源的综合利用，还关系到工业的部门布局和工业本身的发展，而且对于规划区域的合理组织，地区农业的全面发展，交通运输和工程设施的建设，城镇居民点体系的合理分工与布局，以及区域的生态平衡和环境保护等都将产生深远的影响。因此，区域工业布局规划(尤其是工业地区区域规划)是区域规划的主体和重要内容。

区域规划中工业规划布局的任务是：根据国民经济发展计划的要求，按照社会主义工业生产力布局原则，结合区域资源条件和建设条件，从现有的生产基础出发，合理安排工业企业，特别是主要工业企业的规划布局，以保证工业企业之间的合理协调发展。按此，区域工业规划布局的具体内容是：摸清区域工业发展的各项具体条件——自然资源条件、经济地理条件和现有生产基础，在此基础上，根据国民经济发展计划，研究分析如何最经济合理地开发和综合利用本地区的自然资源，确定区域工业发展方向和重点，确定各工业部门的近、远期工业发展项目和规模。合理地安排各工业企业的布局，包括发展哪些新工业区和充分利用、合理发展哪些老工业区，以及各主要企业的分布地点，工业企业之间以及它和其他部门之间的协作配合联系等。简言之，区域规划中的工业规划布局，就是根据国民经济计划，结合区域具体条件，研究落实、合理安排工业的发展布局和协作配合，其核心是规划区内工业发展合理结构和合理布点。

二、区域工业合理结构的分析研究

所谓区域工业合理结构，是指在一定的地域范围内，根据国民经济发展的需要，并从地区的具体条件出发，建立起既能满足需要，又能充分利用条件，实行专业化生产与综合发展相结合，并取得最大经济效益的地区工业部门结构体系。要在一个地区建立这样一个合理

的工业结构体系，必须很好地分析研究需要与可能两个方面。

1．国民经济发展需要

国民经济发展需要是决定地区工业合理结构的根本因素，这是由社会经济发展基本经济规律决定的。因为，社会生产发展的最终目的，是为了最大限度地满足国民经济各方面日益增长的需要。国民经济需要是多方面的，但从工业结构满足地区需要的观点着眼，则可统称之为区内需要和区外需要两大基本方面。前者即一般所称的自给性生产或地方性生产，后者则为商品性生产或国际性生产，而这两者又基本上同地区工业专业化生产和综合发展相结合是一致的。

在实际分析研究中，应首先着重摸清国民经济发展需要作为区域工业发展的主要技术经济依据。怎样摸清需要？这要求首先调查了解中央和地方对地区经济发展的计划、规划或意图。国家对一个区域发展的计划或意图，是确定区域工业结构最直接的依据。所谓国家的计划或意图，就是在国家生产力的发展和布局中，对本区域有什么样的要求，或者说，是本区域在国家生产力地理分工中占有怎样的地位(亦称之为经济地位)。这可以通过对国家有关主管部门计划、规划或意图的调查了解得到基本解决。同样，为了进一步全面掌握"需要"，还需自上而下地逐级摸清中央以下各级有关部门对地区经济发展的计划、规划或打算。

在调查了解分析各级计划、规划、意图时，有两个问题值得注意。一是上下甚至各同级部门之间计划、规划项目或意图，有时并不完全一致，这就必须进一步作分析研究，根据需要和地区具体条件，对之进行必要的修改和补充。当然，这需要做大量细致深入的调查研究工作。另一是各级部门的计划、规划项目，往往是近期明确，远期缺乏，甚至近期项目也是很不具体的。但作为区域工业发展规划，必须对远期发展作必要的考虑。一般可通过以下几个方面的资料来进行：① 规划部门根据当地资源和其他具体条件提出的建议；② 各主管工业部门提出的初步意见或看法；③ 地方机关的建议和想法；④ 科研机关考察和研究的成果。当然，对这些资料都必须进行分析研究，而且必须通过自己的一定调查研究，结合各方面的资料，最后拟定出地区远景规划发展的设想。

从"需要"出发来拟定区域工业发展规划——区域工业合理结构，还必须对当时当地现状工业生产满足国家和地方需要的实际状况进行分析研究，主要方法是：

(1) 分析现状各工业生产部门工业产品满足区内、区外需要的总的情况；

(2) 对满足区外需要的各项主要产品进行逐项分析，看其是否在合理地域分工条件下，充分利用了地区有利条件。发挥产品优势，建立起主要的专业化生产部门；

(3) 对满足区内需要的各项主要产品进行逐项分析，对照本地区生产资料和生活资料实际消费需要，看其目前已满足到怎样的程度，特别是那些本地有需要、地方有条件、应该就近满足消费需要的产品，还存在哪些薄弱环节或部门。

通过以上两个方面的调查了解和一定的分析研究，基本上可弄清区域工业合理结构在"需要"方面的主要依据。

2．区域条件

确定区域工业合理结构的另一个主要技术经济依据是区域本身的具体条件，包括地区自然资源、交通运输、劳动力资源、工业协作、技术基础以及各项建设条件等。

资源条件　即原料因素。一般地说，它是影响工业结构的决定性因素，它对工业结构的具体影响，取决于各工业企业采用的原料数量和特点，各地区取得原料的条件，以及工艺技术的进步对原料利用特点的改变等。原料的种类、数量、性质、特点以及它在区域内的分布状况，直接影响到工业部门种类、规模、利用特点以及地区内部工业结构状况，特别是对那些原料消耗定额高、生产数量大以及易腐、不便运输的生产部门，原料因素起着决定性作用。对那些原料分布广泛，又须就地生产、就近满足需要的部门原料因素，更直接影响地区工业的结构状况。现代工业技术的进步和生产工艺条件的改进，对地区工业发展的原料因素有很大的影响，它一方面可保证充分、合理、有效地利用各种原料(如多种形式的综合利用，生产中"劣质"废料成为相关部门的重要原料等)，扩大工业结构的内容和规模；另一方面，又会由于所有工业部门都在不同程度地降低单位产品原料消耗定额，以及人工合成代替天然原料等，将使原料条件对许多生产部门的限制越来越小，从而大大扩大了各种工业部门在不同地区发展的广泛可能性。

运输条件　也是影响工业结构和布局的重要因素。运输因素是指将原材料、燃料运到工业生产地，并将产品运到消费地的运输总量和运输总成本。工业生产接近原料、燃料产地和消费地区这一工业生产力布局原则主要就是由运输因素决定的。对大运量的工业生产部门，运输终归是一个决定性因素。那些拥有优越的经济地理位置的交通运输枢纽，往往会吸引若干骨干企业的集结，有力地影响着城市工业结构的特征。运输因素中运输成本的高低，直接取决于所采用的运输方式，所以，良好的水运条件，或水陆联系的运输枢纽特别有利于工业企业的集聚，如沿河设厂一直是工业布局的一种主要形式。尽管其他各种运输方式发展很快，铁路运输仍将是工业运输的主要方式，便捷的铁路运输，是影响地区工业结构体系形成的重要因素。随着各种运输技术的进步，运输速度将不断得到提高，并加快生产物资的周转，这对加强地区间经济联系和促进地区工业生产专业化的合理发展具有十分重要的意义。应该看到，由于运输费用的绝对数值及其产品成本中比重的显著降低，使得在许多情况下，把原料、燃料运输量大的企业，根据需要配置在消费区，或者是在具备其他有利因素时，把许多生产部门远离消费区布局，而利用廉价运输将成品运输到消费区，也都认为是合理的。总之，运输因素对区域工业结构的影响，要对之进行具体深入的分析论证，才能恰如其份地说明其影响的程度和实质。

劳动力资源条件　是影响地区工业发展重要因素之一。所谓劳动力因素是指一个地区在工业发展规划中，工人和技术干部劳动力资源的保证程度。在人口密度大、劳动力资源丰富的国家，对工业发展来讲，它已不是一个限制因素，而且，在经济发展水平不断提高，特别是由于农业劳动生产率的逐步提高，而不断释放大量的农业剩余劳动力的时候，除开展其他多种经济活动外，还必须充分考虑如何充分利用地方条件，因地制宜，发展多部门的工业问题。在我国人多地少、劳动力资源特别丰富的农业地区，这个问题尤其重要。其基本趋向是充分利用地区资源条件或结合地区大工业发展特点，发展那些劳动密集型工业企业，并随着工业基础、技术条件、资金积累等条件的改变，进一步向资本、技术密度型工业企业过渡。这一发展趋势将直接影响到地区工业发展方向和结构特征，并有利于积极推动中、小城市的建设发展，有利于带动地区经济的均衡发展。劳动力因素影响地区工业结构的另一方面，是妇女劳动力资源的充分、合理利用问题。一是应尽量利用妇女劳动力从事适于女工就业的密集型工业企业，再是应尽可能将轻工业配置在重工业发达、妇女劳动力参加数量达到一定限制的地区和城市，这不仅有利于改善地区工业结构，也有利于合理解决实际存在的社会问题。在人口稀少，特别是工业基础很差或还没有工业的新工业建设地区，劳动力资源(主要是熟练工人和技术人员)在地区间有计划的分配是一个很重要的问题。一般地说,在这里不宜于发展较多的密集型工业企业。但也应该指出,由于工业生产科学技术水平的不断提高,带来工业劳动生产率的不断提高,工业企业部门或地区受劳动力因素影响的程度将有所缓和或显著降低。

工业协作与技术基础也是影响地区工业规划发展的两个重要因素。工业协作主要指工业内部或地区间合理的联系,它决定着工业项目定点中能否取得生产协作上的便利,技术基础往往影响到地区工业项目定点的安排,由于特殊的生产技术基础(包括传统工艺),从经济效益出发,在其他条件允许的情况下,它往往会成为一种优势的条件,甚至成为建立优势部门的重要因素。

同样,对地域工业现状基础的分析,也是分析区域工业合理结构的重要内容,它往往也成为区域工业规划的一个强有力的因素。通过对现状工业基础分析,可了解现有工业结构特点、生产水平和满足需要的状况,明确现有工业生产结构中的薄弱部门,环节和缺口,为建立今后合理结构提供基本依据。一般可以从以下几个方面进行分析:

(1) 分析研究区域现有工业水平及其在全国、全省以至区域内整个国民经济中的地位与作用。这可通过对工业产值、职工人数、产品产量以及生产技术水平等指标进行综合分析研究(产品、产量是其中最重要的)。

(2) 分析现状工业部门结构,揭示其薄弱环节和缺口。一般可通过总的以及各个点的工业部门产值结构来进行分析,但必须进一步对主要工业部门、主要工业产品逐项进行原材料、燃料动力供应,以及产、运、销等的具体情况的具体分析,以揭示其合理程度。

(3) 分析主要工业部门和重点企业的劳动生产率、设备利用率、原材料消耗定额等各项技术经济指标,这是分析现状薄弱环节,制定规划方案必不可少的技术经济依据。例如,劳动定额与工业发展、人口规模直接有关,原材料消耗定额与工业部门之间合理联系或工业生产规模密切相关等等。

在区域工业合理结构调查研究中,应特别强调区域工业专业化生产与综合发展相结合。这是确定区域工业合理结构的核心问题,具有重大的理论意义和实践意义。我国是一个幅员广大、各地区发展工业的自然资源条件和经济条件区域差异极大的国家,同一个工业部门在不同条件地区的发展,会产生很不相同的经济效果。因此,工业规划布局应因地制宜,充分发挥区域优势,进行各区域间的合理分工与协作。在区域工业合理结构的研究中,应首先分析论证哪些部门、哪些产品最适宜于在本地区发展,即建立起什么样的专业化生产部门,专业化的程度怎样,产品服务的地区对象(出口、全国、全省)等。从理论上讲,这里应具体计算出在特定地域条件下,由于专业化程度的提高,其在生产工艺过程中所节约的物化劳动和活劳动,以及在原材料、燃料动力及成品运输与流通过程中所增加的劳动支出,比较两者孰大孰小,以确定提出的区域专业化水平是否有经济意义。同时,还应考虑并计算全国或有关区域对这些产品的需要量,并与具有相似条件的专业化区域进行经济效果比较和拟定产销区划,才能有实际经济意义。

区域专业化生产决不意味着区域内工业生产部门(或产品)的“单一经济”,而必须是根据需要与可能同时建立起区域的综合发展部门(它在一定条件下,产品也具有区外的意义)。其主要依据是:① 那些与专业化部门相互协作、联系密切、产品不易长途运输或需对资源进行综合利用的工业部门,都应在一定区域范围内相互配合,共同发展;② 有些属于进行专业化生产效果并不显著,各地均有条件,其产品又主要为满足当地生产、生活需要的部门,都应在各地合理发展。但应注意,这里所谓综合发展,决不意味着是片面追求“大而全”、“小而全”。

三、区域工业合理布局的分析研究

在区域规划中,一定地区范围内的工业布局规划是通过工业企业的布点与选址来实现的。布点布局是指在一定地区范围内工业企业的建设地点;选址是进一步在选定地点的范围内,具体确定工业企业的位置。从规划布局的顺序上看,区域工业合理布局首先应从一个区域工业发展的部署——确定各种类型的工业点开始,确定一个地区内应布置多少工业点,包括原有工业点如何充分利用、适当改造、合理发展(新建、改建、扩建或调整等),新工业点选择在什么地方,其性质如何,规模多大,等等。继之,在工业点内部进行工业区的选择和进行主要企业的布置,并对一些重点行业和主要企业进行轮廓性的平面布置,为城市规划和厂址选择提供依据。

工业合理布局问题是区域规划中一个十分重要的环节。工业布局合理与否,直接关系到整个地区经济发展总的战略部署。各个工业点的性质、规模、分布形式以及工业点内部企业安排,关系到各个地区工业发展方向、国民经济发展速度,影响到农业发展、交通运输建设、水利规划、动力网布局、环境保护以及城镇居民点布局等一系列方面。同时,为了使工业点最终落实用地,还须在确定工业点的基础上,在工业点内部合理安排企业用地布置和正确处理工业企业与交通路线、管网工程、生活居住、公共服务设施等关系。所以说,工业合理布局是一个区域整个经济部署的关键。

1. 工业点的确定原则

工业点的确定,是根据国民经济计划,按照工业布局原则并以区域具体条件为依据的。一般包括以下几个基本原则:

(1) 集中与分散相结合的布局原则　工业的集中与分散,是工业布点中的一个首要问题。工业布点的过分集中会给生产、生活、交通、环境带来一系列的压力和问题,而过分分散也同样会导致基本建设严重浪费、生产协作和生活服务不便、日常运营管理成本过高等问题。因此,工业布点应采取集中与分散相结合的形式。从大的区域范围而言,工业的布点应适当分散,而在具体的工业点内应把生产上有密切联系的企业尽可能集中。

(2) 尽量接近原料、燃料产地和产品消费地区的布局原则　工业尽可能地接近原料、燃料产地和产品消费区,可以节约原料、燃料和产品的运输费用,以尽可能少的投资,收到较大的经济效益。但实际情况往往不可能三者同时兼顾,工业的布局究竟应该靠近原料产地、燃料产地、消费地区,还是介于三者之间? 这实际上就是最优区位理论的求解,需要根据不同工业企业的生产特点,结合不同地区的具体条件区别对待。就一般情形而言,多数农副产品、矿产品的初步加工工业,由于原料失重很大,且在运输、贮藏过程中损失很大,一般都趋向于接近原料产地。如原料失重甚小,甚至增重,成品不便运输,或运输周转过程中损失大,或不便利用管道等廉价运输方式的工厂,一般多靠近消费地点建厂。许多大耗电、大耗水的工业,建厂地点一般选择在动力基地或江河沿岸,特别是要选择在能提供廉价电能的大型水电站附近。各种精密仪表、电子计算机等“知识密集型”工业,则要更多地考虑技术协作条件,一般多选择在科学技术中心。

(3) 专业化生产和分工协作的布局原则　专业化生产是现代化大生产的必然趋势,它对提高工业生产的现代化水平,提高劳动技能的熟练程度,提高产品的质量,降低产品的成本,提高产品的市场竞争能力和社会劳动生产率都有重大的意义。专业化生产可以以单个企业出现,也可以在企业群内组织,或在工业区内组织。工业区内组织的专业化生产,有助于在同一个区的用地上配置生产特征和环境卫生要求上多少有些相同的企业。然而,提高工业生产的专业化程度,还必须根据各地区的具体生产水平的发展、技术条件与其所产生的实际经济效果,以及由此而产生的有利与不利的影响因素,全面地进行技术经济分析与论证。随着工业生产专业化程度的提高,也相应地要求加强工业生产的协作与联合的合理化。工业企业协作的形式有:工业生产本身的协作(把各个专业化企业生产的单一的零部件组装成复杂的机器和仪器,以及建立为一些主要生产单位服务的材料准备车间、修理基地,实验基地、辅助车间等),建立公共的生活区和生活服务设施,以及为工业区与生活区的建设而建立的统一的建筑工业基地等。

(4) 资源的综合利用和保护生态环境的布局原则　区域资源综合利用的程度是区域工业部门技术水平的标志,也是充分挖掘地方资源,综合发展地区经济的重要条件。资源的综合利用,不仅可以生产更多的社会产品,把一次利用变为多次利用,单一利用发展为广泛利用,提高资源的经济价值;而且对于处理工业“三废”,防止污染,保护环境有着重要的意义。因此,在区域规划中,尤其需要从全局出发,打破行业与企业的界限,从综合利用开发资源和促进地区经济全面综合发展着眼,进行统一的工业项目策划与布点。工业布局还应把保护生态环境作为重要的原则贯彻执行,新工业区的建设必须对所在地区的地貌、地形、地质、气象、水文等环境现状,进行周密调查研究,采取综合防治措施,力求避免工业“三废”和矿藏开发所引起的对大气、河流、湖泊、地下水、土壤的污染与破坏。排放有害废水、废气、废渣和有放射性的工厂,严禁设置在城市的盛行风向上风侧和河流的上游。同时,如前所述,开展综合利用,不仅可以扩大原料来源,而且也是保护环境、消除环境污染最积极有效的措施。

(5) 尽可能依托现有城镇居民点协调发展的布局原则　在任何一个地区,一个新的工业区的规划与兴建,往往意味着一个新的城市(镇)的形成,或原有城镇体系或城市总体结构发生变迁,都对原有城市形态产生深刻影响。另一方面,依托一定城镇基础的工业布局,对其自身而言,可以充分利用现有生产生活设施,减少近期投资,加快建设进度,改善协作条件,提高经济效益。因此,在区域规划中,工业的布局规划和城市的布局规划是相互制约、相互依托的两个方面,在现代化的大生产条件下,工业的选点与布置越来越需要从城镇体系的角度考虑问题,因为共存于同一体系的各类城镇和工业部门不论在生产、生活活动的联系和分工协作方面、交通运输与行政管理方面,以及城镇居民点的布局方面都有密切的内在联系。由此在进行工业的选点布局时,首先必须明确哪一类性质的城市配置什么性质的工业最为有利,或最为不利,这些工业具体布置在城市的什么地方最为有利,或最为不利,工业的选点与布局应该服从城市总体规划的利益,并与城市总体规划协调一致。有时虽然从个别工业本身来看是最为有利的布局方案,但从城市的总体效果来看就不一定是有利的,甚至十分有害,这时个别就必须服从全局。

区域工业点的布局体系,依据以上工业布局的原则,在一个相当于省级的区域范围内,一般可形成综合性的大型工业中心(或大型工矿中心)、中型工(矿)业中心,以及一般以县城(镇)为主的小型工业点等。大中型综合性或工矿性工业中心是区域规划的重点地区,它们是区域内各具不同水平、特点的工业基地和经济中心，既以自己的专业化生产部门与其他地区相联系，又以自己的产品满足区内需要，并作为区内的技术改造发展中心。这种大中型工业中心一般数量不多，并根据自然条件和经济地理条件，使之适当分布于地区各地，以利于全面带动地区经济的均衡发展。小型工业集聚点多数是县城或县城以下主要集镇点，分布广、数量多，但规模不大，其特点是直接与广大农村密切联系，工业发展有利于充分利用地方资源。总之，区域工业点的布局应根据需要与可能，充分利用已有基础，采取大、中、小相结合，以大型工业基地为枢纽，更多地建设发展中、小型工业基地的布局形式。

在区域工业布局的规划工作中，要从实际出发，并特别注意对现有城市(镇)生产基础和建设条件的调查研究。区域内现有各级不同规模的城市(镇)，大多是长期历史形成的，其或者是大小不同的政治、经济中心，或者是交通枢纽和要冲，与广大周围地区有着密切的经济联系，充分利用、合理发展这些既有中心，具有重大的政治、经济意义。如省和地市级的经济中心城市，一般可规划为大中型的以加工工业为主的综合性重点工业中心。根据实际可能条件，可建立一定的专业化生产部门，也应充分利用地方资源，发展以服务地方为主的轻工业部门。同时，搞好县城及县城以下主要建制镇(集镇)的工业布点规划的意义也十分重要。这类工业点一般规模不大，对建设条件要求不严，有利于充分利用已有基础和既存资源，就近吸收农村劳动力，灵活地寻找市场薄弱环节组织生产。在若干经济地理位置优越或资源条件、工艺传统以及建设条件良好的县城(城镇)，可考虑在成为地方综合工业中心的基础上，培植成以某一区际性工业部门为主导的重点工业中心。在大城市周边的县城和城镇，可与大城市工业规划密切结合，形成具有大城市工业卫星城和地方工业点的双重意义，即使一般县城和城镇，多数可规划发展为本县域服务的工业点，或通过“一域一品”运动培植地域拳头产品，加入到市场经济的大循环中去。

值得提出的是，在社会主义商品经济迅猛发展、工业产品的市场竞争日趋激烈的当今形势下，在传统计划经济条件下形成的一系列工业布局的原则、因素和形式都或多或少地发生了改变，如在市场经济条件下更多地考虑了产品的市场占有率和更新换代能力，从而布局上更为强调信息和科技的因子等。但总体而言，有关工业布局的基本准则并未发生根本性的变化，只是需要在实践中和市场经济自身的规律相互融合，共同作用。

2. 工业选址的基本要求

在工业合理布点的基础上，工业布局还应包括对一些重点行业和主要企业进行合理的选址。工业选址一般应考虑下列基本要求：

(1) 每个工厂对于用地的面积、地形、工程地质、水文地质条件，用水的数量、质量，“三废”的排放与处理，供电、供热、运输、协作等方面都有特定的要求，选择厂址时应当尽力满足。上述条件的满足程度，对基本建设工程量、投资额和建设期限以及投产后经营的营运费用和环境条件都有很大的影响。

(2) 厂址应符合国防、安全、卫生、抗震、防火等规范的要求。重要的工厂其厂址选择应尽可能远离重要的战略目标，远离重要的风景区和历史文物保护区，避开自然目标显著、带有指示方位的地物。工厂不应布置在水库的下游地带，或决堤时可能淹没的地区，应布置在具有良好通风及采光条件的地段上。在山区、丘陵区应尽量避免把工厂设置在谷地、窝风地带。生产易燃、易爆等危险品的工业和仓库区应配置在城市的外围和盛行风向的下风侧，并应在沿河的码头、桥梁、船舶修造厂及其他企业等的下游侧。

(3) 工厂选址时,应充分结合自然地理特点,尽可能选择在能进行大片绿化的地区,以便构成大片绿色空间,以利于消除污染、改善环境,防止和减弱人为的和天然的灾害。具有“三废”污染的工业,不宜布置在市区,应位于城镇盛行风向的下风侧和河流的下游,同时必须考虑工业对周围环境、农牧业、渔业可能产生的不利影响。在城市市区和居住区内,只允许配置居民生活所必需的、无害的、不需要与居住区建立卫生防护地带的工业。

(4) 配置在同一工业区内或相邻的工业,其相互间不应有妨碍卫生及对产品质量不良的影响,尤其是食品工业与化学工业,应分别布置在不同的工业区内。在集中供热的情况下,应使蒸气用量大的企业尽量接近热力供应源布置。

(5) 工厂选址时,应充分注意节约用地,尽量利用荒地、薄地,少占或不占良田好土。在一个工业区内,企业与企业之间除留下必要的卫生防护地带外,应尽可能集中紧凑地配置,以节约用地和厂外工程管线的投资,并便利企业与企业间的生产协作。

四、区域工业规划布局方案的编制

区域工业规划布局方案的编制基本上可分为搜集、整理、分析基础资料和研究确定方案两个阶段,在此基础上,编制规划文件和图件。

1. 基础资料的搜集、整理和分析

(1) 现状工业生产基础的资料

现状工业生产基础的资料包括:调查现有工业的发展水平和特点及其在全国、全省和区内整个国民经济中的地位和作用;分析工业的部门结构和各部门间的比例关系及各企业间的协作关系,找出地区工业发展的优势部门。分析主要工业企业的各项经济技术指标,研究挖掘和革新的可能性;了解工业分布的现状及存在问题、工业企业的原料、燃料来源及其与区外的经济联系等。现状资源可以从计划部门和各主管部门的历年统计资料和文字说明中获得。调查的现有工业企业资料包括:规模、主要经济技术指标、原料来源、设厂依据、扩建与改建的可能条件等。必要时,可深入到重点企业、厂矿搜集典型材料加以补充,以便分析矛盾和提出解决矛盾的意见。

(2) 工业资源情况的资料

工业资源情况的资料包括:① 矿产资源,包括金属矿和非金属矿资源。根据工业利用的特点分:钢铁工业及其他冶金用矿物原料、有色冶金用矿物原料、动力工业矿物原料、化工矿物原料、建材工业矿物原料等。调查内容包括:各种矿分布地点、矿产范围、矿石主要类型、品位及牌号、有益及有害成分平均含量、探明储量、远景储量、矿山开采利用现状、运输条件、进一步开采利用的可能等,可到地质及有关部门搜集,包括文字材料和分布图。② 农业资源,包括各类经济作物和林产、畜产和水产等可资工业利用的原料。如纺织工业的棉、麻、丝、毛、野生纤维等原料,食品工业的淀粉类、蔗糖、甜菜、烟草、畜产品、水产品、果品、油料等原料,造纸工业的野生纤维和农副产品以及其他轻工业原料。调查其产量、分布、质量、运输条件、利用现状、今后发展数量等。

(3) 规划工业发展情况的资料

规划工业发展情况的资料包括:了解计划部门和各主管部门对于地区的工业发展和设想,包括中央和地方各级的国民经济计划和专业部门计划的设想,特别应掌握国民经济计划中所列出的大、中小型项目表及其各项主要技术经济指标,如规模、投资、建设、进度、用地、用水、用电、年运输量、原材料及其来源等(可列表汇总)。了解各建设项目提出的依据,如利用已有工业基础、开发和利用资源、接近消费地区、有协作关系、合理工业布局的需要等。

(4) 建设条件资料

与工业生产关系最密切的建设条件是用地、用水、用电、交通条件。一般是在搜集现有城镇和居民点、水力、电力和交通运输系统的现状和规划资料的基础上进行分析。对可能开辟为新工业点和作为工业备用的重点地区尚须进行实地踏勘,搜集必要的资料。在用地条件方面,应考虑地形、坡度、地面开阔情况、标高、土质及地下水位等有关资料。用水条件方面,应考虑规划区内水资源和水量平衡状况,工农业用水分配,工业区和耗水量大的企业供水水源有否足够保证,水质能否保证工业的需要及供排水条件等。用电方面,了解电源分布情况、输电方式、供电有无保证、调节是否灵活等。对外交通方面,要了解现有运输线路、港口、站场的可能性等。

(5) 劳动力和人口资料

劳动力和人口资料包括:了解现有企业职工人数和技术熟练程度,劳动力资源的储备和来源情况(包括人口自然增长率和工业劳动力增长的关系,从农业人口转化为工业人口的速度和数量等)。

(6) 环境质量资料

环境质量资料包括:了解现状的环境污染程度和污染原因,调查现状环境保护措施,对现状环境质量作出分析评价,了解规划的工业项目对地区的环境质量可能产生的影响以及应采取的保护措施等。

2. 编制区域工业布局初步方案

区域工业布局方案的编制大体包括以下步骤:分析区域资源和建设条件的主要特点,找出影响区域工业布点的关键问题;根据区域资源特点和综合利用原则,提出本区域充分合理利用资源的意见;研究本地区主导工业的分类、组成、协作配合和布局问题;通过现场勘察,提出主要工业城市(工业点)工业企业具体布点的意见;进行主要资源区内平衡和技术经济论证,确定工业企业布点方案。规划布局方案的内容,主要可分为确定区域发展规划方案、确定区域工业总体布局方案和进行工业区的组织三个方面。

(1) 确定区域工业发展规划方案

1) 确定区域工业发展方向和主导工业部门

在明确地区间分工和协作关系条件下,可根据国民经济需要、区域具体条件、建设条件及现有工业基础,研究分析区域工业发展方向。一般情况是:凡是国民经济需要迫切(区内和区外)、市场前景广阔、资源条件具备、建设条件良好、现有工业结构比重较大的工业部门,应成为区域工业发展方向。同时,区域工业发展的方向和工业发展的部门又是一致的。这种主导部门一方面可形成全国或地区国民经济体系中同类产品的重要生产基地,在全国、协作区或省区处于重要的经济地位,另一方面又是该地区经济发展的带头部门,能够带动整个区域国民经济的发展或为国民经济部门提供必要的技术装备和原料,成为区域经济发展强大的牵引力和驱动器。

主导工业的选择数量和部门因区域条件而异,可以是一个或数个工业部门,具体是在研究了国民经济计划部门和其他部门提出的工业项目,并主要结合本地区资源条件加以确定的。它可能是开发和利用本地区主要资源的原料工业和加工工业,有时也可能是利用本地区丰富的农副产品资源而发展起来的轻纺工业或食品工业等。同时,主导工业又是可以产业扩张自成体系的。区域工业发展规划中应该以主导工业为核心,围绕主导工业部门,以根据相互间对资源综合利用的和有生产协作关系的,或是为主导工业部门配套的部门,建立起一系列配套协作工业部门。

2) 确定一般工业部门

在确定主导工业部门、配套协作工业部门以外,还应根据市场需要与生产可能条件,建立为满足地方需要为主的一般工业部门,对区域一般工业部门逐项研究确定其发展方向和重点。

3) 估算区域工业发展总水平和速度

根据已确定的工业发展方向,进一步分析区域内能提供的资源、劳力、投资等条件,估算出区域工业发展总水平和速度。同时,根据国民经济发展总的产业策略、原材料与加工工业的关系等,合理安排各工业部门发展的比例关系。

4) 拟定工业项目一览表

根据各部门工业发展项目的确定,并研究现有企业今后可能增长的数量,拟定工业(新建、改建、扩建)项目一览表。

(2) 确定区域工业的总体布局方案

1) 对拟建工业项目分组、排队

根据工业合理布局和资源综合利用的要求,可以把拟建工业分成若干系列组合。例如,以开采铁矿资源为基础发展的钢铁工业,并相应带动其他工业发展的地区工业,可分为:① 以矿山开采及其相应的机修、动力为一组;② 以钢铁生产为中心的为一组;③ 以为钢铁工业服务的辅助部门为一组;④ 以利用钢铁为原料的机械工业为一组;⑤ 以钢铁工业副产品和废品利用为基础的化工、建材工业为一组。又如,某地区以有色金属资源综合利用为主导工业,其工业部门大致可分成四个组:① 以铝联合企业为核心的冶金工业;② 以化肥厂为中心的化学工业;③ 以几个大机械厂为核心的机械工业;④ 对居民没有妨害、可以安排在居住区范围内的工业。分组的目的,是便于根据地区建设条件分别落实。

2) 进行地区建设条件分析及排队

综合分析各地建设条件,便于因地制宜落实各项工业建设项目。首先对现有行政、经济中心进行建设条件分析,对之进行用地、用水、用电、交通条件及原有经济基础的综合分析,并分别提出各城镇宜于发展不同类型工业的有利、不利条件。

建设条件特别优越的地段更需作全面分析,优越的地理位置和特别有利的交通运输条件往往是现状及远景工业企业的集聚中心。

建设条件全面分析,可以为工业选点提供依据。如近期没有项目,也可为将来发展预留后备地。

3) 进行区域工业总体布局

根据面上适当分散、点上适当集中以及其他的布局原则,结合建设条件,因地制宜地进行区域工业全面安排。首先进行大型工矿基地布局,因其主要受原料产地影响,较易确定;其次,进行区域综合性工业中心布局;再次,进行地区级及县城工业布局,主要是一般加工工业和趋向于消费地区的支农工业等。就一般而言,总体上应把工业点分散开,使工业企业更接近原料、燃料产地和消费地区,以利于促进整个地区经济的发展和实现良好的工农结合、城乡结合的关系。在具体地点上，应尽可能集中紧凑以利于企业之间的密切协作和资源的综合利用，有利于生产、经营管理和城市生活的组织。

(3) 工业区组织

在工业总体布局基础上，可进一步在已落实的工矿业中心、工业城市及各类工业点上进行工业区的组织和工业区内企业的具体布置。

工业区是在一定地域范围内，相对集中布置的若干具有生产联系的工业企业群。合理的布置工业区和工业区内企业，对于地区经济的综合发展，节约用地和建设资金，促进工业企业综合生产能力的形成，改善城市面貌和生产与生活条件都有明显的作用。有的地区工业布局较混乱，主要表现为工业区的布置不合理。所以，工业区的合理组织在区域规划中具有十分重要的意义。

工业区的类型是多种多样的。最突出的是以资源开发为基础的工矿区，如大型矿产资源开发区、大水电站的建设区，往往在数平方公里至数百平方公里范围内，分布了若干个性质不同、而生产上有密切联系的工业区。其次是综合性的工业基地，如上海、天津、武汉、重庆等城市，在城市周围配置了十几个甚至几十个工业区。再次是一般的中小型城市或城镇，在历史条件下也多形成若干个工业区。从这些工业区内生产联系和生产内容看，主要不外乎单一性质工业区、混合性质工业区和综合性的工业区这三种基本类型。

单一工业区即具有密切联系的同一性质的工业组成的企业群，集中布置在一定范围内的同一地段上，如某些机械工业区、化学工业区等，是最为典型的工业区组织形式。

混合性质的工业区是由互相有影响的不同性质企业组成的工业区。这类工业区的工业企业虽可在厂外工程等方面进行协作，但生产组织上相互干扰，应尽量避免出现这类工业区。现有一些中小城镇，由于受历史条件限制，形成了一批混合性工业区，应结合城市规划和旧城改造的要求对这类工业区适当地加以调整。

综合性的工业区不是以生产性质完全一致的工业企业组织起来的，但它把对环境有共同要求，或对厂外工程建设有协作要求的企业组织在一起，如以电子、仪表工业为主的工业区，食品工业和中小型机械工业区等。它的组合是在排除了一些共同的不利干扰基础上进行的，因而不失为一种有利的、灵活的工业区组织形式。

此外，工业区应具有合理的规模。工业区的规模过小，发挥不了组织工业区和工业成组布局的优越性；相反，工业区规模过大，也会丧失其优越性。合理确定工业区的规模是工业配置中需要解决的重要课题。决定与影响工业区规模的因素是多方面的，在考虑工业区规模时，不仅要考虑工业本身的生产性质、特点与协作配套的要求和生产经营管理的要求，而且要考虑城市建设、环境保护、方便职工生活组织的要求和投资的经济效益，同时也还要考虑国防、安全的因素，并根据国家及有关部门的规定和工业区内各级项目、企业数目的规定来控制工业区的规模。

在进行工业区的布局时，应和生活居住区的布局结合起来考虑，使工业区和生活居住区有方便的联系，并保证城市具有良好的卫生条件，做到有利生产、方便生活。在山区丘陵地带布置工业时，应使工业区内企业尽可能地相对集中，以取得建设和经营管理的经济合理性。

3. 工业布局的方案比较

工业布局规划中，对每个工业项目的选厂定点都应进行全面的技术经济论证和多方案比较，以便选择最优的布局方案，取得基本建设的最大经济效果。

（1）工业选点方案分析比较举例

某一大型钢铁联合企业根据主要条件确定了企业的分布区域以后，在具体选点定厂过程中进行了多方案的比较和技术经济论证，并从中选出了三个方案进行比较：

第一个方案的技术经济条件是：厂区可供建筑利用的面积为 $14km^2$；从某河取水，需建设 30km 的上水管道，把污水排到某河，需建 10km 的下水道；从矿山把矿石运到厂区，需经过一条河，两岸地形起伏，架桥工程比较复杂；厂区内地势比较平坦，但土层复杂，耐压力变化很大（每平方公分的耐压力为 1.0 ~ 3.5kg）；地下水位距地面 4 ~ 5m，个别地区为 1.8 ~ 2.5m。

第二个方案：厂区可利用面积 $10km^2$，进一步发展受到限制；上水管道长 20km，下水管道长 10km；矿石运输要经过一条河，架桥工程相当复杂；厂区内地形有起伏，土壤条件与第一方案近似；地下水位高，而且北部厂区有一条旧河道，过去曾被淹没两次。

第三个方案：厂区内可利用建筑面积能满足建厂要求，并有扩展的余地；上下水管道均长 10km；矿石运输不需要架桥过河；地势平坦、土壤条件与第一方案相似；地下水位较低，一般距地表 6 ~ 12m。

三个方案的比较：

1）从运输上看，第三个方案比第一方案每年可减少矿石、白云石、部分石灰石 1.78 亿吨公里的周转量和 2.5 亿吨公里的炼焦渣煤的周转量。第二个方案与第一个方案运输量大体相同，前者比后者略少一些，但这两个方案运矿石都要经过一条河，跨河架桥的工程复杂。

2）从建设要求看，三个方案的地形条件大致相同，只是第二个方案地形略有起伏，土石方工程量多一些。三个方案土层分布均不规则，土壤耐压力都有变化，但第一、第二方案地下水位都比第三方案高，基础工程和地下工程的建设费用比第三方案的大得多，而且第二方案的厂区还有被淹没的危险，要增建防洪工程。

3）从供排水条件看，三个方案的水源是一个，但第三方案建设上水管道比第一方案短 20km，比第二方案短 10km。

4）从发展的要求看，第二方案无扩展余地，第一方案也只能满足近期建厂的需要，第三方案则有较大的扩充余地。

综合以上情况，选用第三方案比较经济合理。

（2）工业基本建设的投资效果

从高速发展生产和满足社会需要出发，基本建设投资效果决定于下列指标体系：

1）投资对于满足国民经济需要的程度，即以新建厂或改建厂生产的产品，在时间、数量、品种和质量等方面满足全国和各地区目前和远期需要的程度；

2）投资在节省劳动耗费和促进社会劳动生产率增长方面的作用；

3）投资在工业的合理布局、建立完整工业体系和城镇居民点体系、发展地区经济、开发原来落后的少数民族地区经济及巩固国防等方面的作用；

4）投资在节约劳动工具和材料，特别是稀缺材料方面的作用；

5）投资在改善劳动条件、减轻劳动、改变劳动性质和进一步提高劳动人民物质文化生活水平方面的作用等等。

在实际工作中，为了比较不同方案的劳动耗费，常常采用这样两个指标：投资额和经营费用。

投资额是国家进行建设时所需的费用,这是一次性的费用。在计算投资额时,既要计算用于固定资产的投资,也要计算用于流动资产的投资。投资额的节省有很大的经济意义,它意味着在不增加投资的情况下可以使建设规模扩大。经营费用是指建设方案投入生产以后制造产品时发生的费用,这种费用将在该建设单位的整个使用年限里持续发生。经营费用的降低可以近似地反映社会劳动生产率的提高。

在进行方案比较时,许多方案中如果甲方案的上述两个指标都好,那就采用甲方案。但实际情况往往不尽如此,在确定新建或改建工业企业的规划设计的方案时,常常是一个方案产品成本较低,但基本建设投资较高,而另一个方案是基本建设投资虽然较低,但产品成本比较高。在这种情况下,为了选出比较好的方案,就必须进行追加投资额和节省经营费的比较。

以投资回收期表示的追加投资额同节省经营费比较的计算公式如下:

$$T=\frac{K_2-K_1}{C_1-C_2}(\text{年})$$

式中 T——第 2 方案追加投资额的回收期;

K_1,K_2——第 1,2 方案的投资额;

C_1,C_2——第 1,2 方案的经营费。

在有些情况下,还采用比较效果系数。比较效果系数指标是回收期指标的倒数:

$$E=\frac{C_1-C_2}{K_2-K_1}=\frac{1}{T}$$

式中,E 为第 2 方案的投资效果系数。

为了确定建设方案在经济上是否合理,就需要制订定额回收期(或定额效果系数)。规定各部门的定额回收期要考虑这样一些因素:该时期内国家每年积累的规模;各部门在国民经济发展中的任务;各部门生产的技术、经济特点等。

在评定投资效果时,必须从国民经济的观点出发。整个国民经济是个复杂的经济总体,某个企业或部门的建设经常会提高有关部门的技术经济效果,或者会引起各有关部门生产耗费的相应增加。因此,在评定投资效果时,必须尽可能反映这种经济联系,才能得出比较正确的结论。例如,在衡量建设火电站的效果时,就不仅要计算大电站的投资,而且还要计算保证电站所需燃料的煤矿的投资。在分析不同的布局方案时,不仅要比较产品的生产费用,而且还要比较产品到达消费地所需的运费,也就是要计算国民经济成本;在缺乏现有运输线路的情况下,还要计算相应的运输业投资。在考虑建设专业化程度不同的方案时,对由于实行专业化和协作后运量增加所引起的消费的增长额也应当加以考虑。

在评定投资效果时,还要考虑时间因素。就是说,如果各方案的建设时间长短不同时,就要考虑动工得快或慢所产生的不同效果。又如,对分期建设的方案,就要考虑一部分资金由于推迟使用时间,而可能腾出来用于国民经济其他方面所带来的效果等。

五、主要工业部门及其布局特点

1. 煤炭工业

煤炭工业是指煤炭的勘探、开采、选洗和综合利用加工等的全部生产系统。

煤炭工业是一种重要的能源工业，在我国的能源消费结构中，煤炭占70%之多。我国煤炭资源储量极为丰富，初步探明储量有6000多亿吨，在年开采量中，民用占40%左右，发电占20%，炼焦和铁路用煤各占10%左右，其他工业用煤约20%。现存的主要问题是：煤炭消耗结构不合理，热能利用效率极低，并对环境造成严重污染；煤炭加工技术落后，煤化工水平较低；煤炭资源分布不均匀，长期大运量的北煤南运增加了区域交通运输的负担等等。

煤矿的勘探和煤炭资源的经济评价是决定煤炭工业合理布局的先决条件，其具体的评价内容包括煤矿储量（直接影响采矿规模）、煤田地质条件（包括煤层厚度、层数、埋藏深度、煤层倾角等，影响煤炭采掘方式和劳动生产率）、煤田地理位置（影响开发次序）、煤炭质量（包括灰分、硫分、磷分、挥发分、发热量、粘结性、块度、硬度等物理化学性质，影响到煤炭开采利用方向及其经济意义）、煤炭种类（根据炭化程度，可分为无烟煤、烟煤、褐煤和淀煤等煤种，根据工业用途的实际需要，一般划分为动力用煤、冶金用煤、化工用煤和民用煤等四个煤种）等，由此论证不同地区煤炭资源的开发价值、开发时序和开发方向，以达到最经济、最合理地利用开发煤炭资源的目的。

采煤工业的布局主要受煤田的地理分布所制约。煤炭是一种笨重、价廉、消费量大、商品性强的大宗产品，大型采煤工业布局要求有铁路专用线、专用港口码头以及专用列车、船舶等交通工具，因此，地理位置优越、交通方便的煤田往往能得到优先开发。另外两类布局情形或是由于煤种优良，为平衡其他地区工业生产需要必须开发和远距离运输的，或是由于煤田储量十分丰富，并同时就地发展各种耗煤工业而大规模开发的。尽管如此，采煤工业布局中突出的一点是要制定产销区划，采取对口定点供应，避免远距离不合理的运输方式。为了提高采煤工业的经济效益，要扩大矿井生产能力和矿区生产规模（我国大型矿井生产能力90~300万吨/年，中型矿井30~60万吨/年，小型矿井9~21万吨/年），建设年产千万吨以上的煤炭基地。此外，从资源综合利用、节约用地和保护环境出发，应努力解决好煤矸石的堆放问题，尽量取填塌陷区、洼地，予以覆土造地，实在必须设置永久性矸石山时，应慎重选址，防止对周围环境的污染。

选煤工业是对采掘出的原煤在加工利用前的一种按经济要求进行的选洗分类（淘汰选、重介质选或浮选），以除去原煤中的有害物质（硫、磷），达到工业部门的质量要求；同时还除掉大量矸石和灰分，提高煤炭的纯度，减少不必要的运输。选煤工业耗水量大，排出的煤泥水多，厂外沉淀池占地大，废水中含一定药剂，要注意处理，避免污染环境。选煤工业布局一般有以下几种形式，其一是就近矿区布置，如在一个炼焦煤种矿井旁建立专用选煤厂（最好能同时经营焦化厂和钢铁厂）；或建立共同选煤厂，负担邻近两个以上矿井的洗选任务，可取得提高煤质、减少运输量的效果。其二是脱离煤产地，在介于若干原煤产地的铁路枢纽设置同时服务于几个矿区的大型选煤厂，这类选煤厂称为中央选煤厂，附近可设置各类煤炭综合利用企业。其三是一些大型城市煤气厂或钢铁企业的焦化厂也附设选煤厂，一般是为满足本企业或附近若干企业的需要，其规模较小（一般大型选煤厂规模在240万吨/年以上，中型选煤厂90~180万吨/年，小型选煤厂30~60万吨/年）。

煤炭的综合利用工业是以煤炭利用为中心的多行业的工业综合体，依据其组织方式的不同，主要可分为以下四类：① 煤炭-电力基地。其主要是就近煤矿建设上百万甚至几百万千瓦的大型区域性坑口电厂，依托超高压输电线路跨省区送电，从而大大减轻铁路远距离运输压力，有效地解决区际能源平衡问题。煤-电基地建设的主要限制因素是用水问题，要注意对输煤还是输电(首先要调水)的经济效果比较。但其优势在于可充分利用不宜运送的低热量劣质煤,是一种较经济的初级煤炭动力结合利用形式。② 煤炭-电力-化工基地。包括将煤炭气化、脱硫,产生低热值煤气,进行燃气发电,同时在气化过程中回收苯、酚、焦油、乙烯等化工产品;或将煤炭进行空气干馏,所得半焦和煤气进行燃气发电,同时在干馏过程中获得冶金或化工原料,从而既大大提高煤炭热能利用效率,又能提炼化工原料,并起到减少环境污染的作用。我国煤-电-化工基地主要是将原煤进行洗选,洗中煤发电,洗精煤炼焦,并得焦化产品(主要制合成氨)。③ 煤炭-钢铁-电力-化工基地。多是在拥有多种矿产组合资源基础上形成,包括焦炭供应钢铁工业,洗中煤发电,炼焦副产品发展化工等等,组成一个大型生产体系。④ 煤炭-电力-建材基地。其一部分是建立在沉积矿产地带,对煤炭、石灰石、粘土、陶瓷土资源进行区域综合开发,形成以煤炭、水泥、耐火材料、陶瓷等工业部门为主的基地;另一部分是在采煤和发电的基础上,进一步对选出的煤矸石和发电粉煤灰进行加工利用,制造矸石砖、水泥、混凝土制品和大型建筑砌块等。

2. 石油天然气工业

石油是现代社会物质基础的重要资源,它既是主要的能源之一,又是十分重要的化学工业原料。石油工业是包括石油天然气开采、炼制和贮运的一系列工业部门和企业的复杂工业系统。

采油工业的布局主要受油田的地理分布和开采价值制约。影响采油工业开发价值的因素,包括油田的储量(5×10^8t 以上为特大型,7000t 以上为大型,7000t 以下为中小型油田)、产油量(可分为单井日产量 1000t 以上的高产油田、中产油田和低产油田等)、油田的驱动类型(指在自然条件油流的驱动力,包括水压、气压和溶解气驱动型,影响油田的采收率和投资效果)、石油的埋藏条件和原油的质量(取决于轻质油和杂质油的含率比)等。由于石油是一种宝贵的国民经济资源,采油工业的发展必须考虑到近远期的协调,各油田开发效益的比选,以及石油开采与其他燃料动力资源的整体协调等。

炼油工业是对原油进行加热、蒸发、分馏、冷凝、获得各类成品油(包括燃料型油、润滑型油和化工型油),并进而对化工型油进行高温裂解,催化裂解和焦炭化过程后,分解出大量的裂化气,提炼出各类化工原料,因此,石油炼制本身就是一个大型的石油和化工的联合企业。由于成品油广泛多样,不利统一运输,而原油运输利用管道方式特别经济,因此考虑到更好地适应消费区对各类石油产品的要求,炼油工业布局一般采用就近消费区的形式,并在消费区间依据消费密度和运耗半径,合理地确定炼油厂的规模、生产类型与厂址布点。从生产要求而言,炼油企业要求有大运量(管道、水运或铁路)、大用水量、良好的用地、供电的建设条件,同时废水、废气对环境污染也较大,故要求企业与城市居民区保持足够的防护距离。

石油运输是整个石油工业的重要组成部分,它担负着从油田向炼油厂供应原油和分配石油制品的任务。原油运输以水运最为经济,特别是巨型(20 ~ 30 万吨级)和超巨型(30 万吨以上级)油轮的海上运输尤为明显,但对港口和航道水深条件要求较高,多限于在沿海或长江沿岸河港地区建设专用深水码头。石油管道运输具有运量大、投资少、成本低、运行均衡平稳连续安全的特点,是原油输送特有的一种经济形式。成品油的运输,由于用户分散,品种繁多,不便用管道运输,水运也受航道限制,因而多以铁路运输为主。但在用户集中、成品油流向一致的地区,修建从炼油厂到港口或商业一级站的成品油管道,以减轻铁路运输的压力,也是较经济的方式。

天然气是从地下开采出来的可燃气体，依油性成分和含量多寡，有湿气和干气之分，都是理想的燃料和难得的化工原料。天然气的分布较广泛，目前用于工业的主要有纯天然气的气田和油田顶层气或溶于石油中的石油伴随气。天然气除在资源产地燃烧或加工成化工产品外，也可通过输送管道供消费中心使用，用作燃料它可以代替石油和煤炭，用于电力、钢铁、化工及民用采暖燃料；作为化工原料它可以通过搜集、净化、凝析液分离等一系列处理过程，生产出1000多种化工产品，具有比燃料更为重要的经济意义。

3. 钢铁工业

钢铁工业是最重要的基础工业，是其他工业发展的物质基础。同时，钢铁工业的发展也有赖于煤炭、采掘、冶金、动力、运输等工业部门的发展。从生产特点上看，钢铁工业是包括采矿、选矿、烧结、炼焦、耐火材料、炼铁、炼钢、轧钢等主要生产部门，以及化工（氮肥、三苯）、电力（热电站、电厂）、建材（炉渣制品、水泥）等辅助和延伸部门的庞大的物质生产部门。整个生产过程基本上可分为矿山开采、炼铁、炼钢、轧钢等四个相对独立的阶段。

钢铁工业需要大量的矿石原料、燃料和辅助材料。铁矿石是钢铁工业的基本原料，包括磁铁矿、赤铁矿、褐铁矿、菱铁矿和含铁线泥石，铁矿开采的评价因子主要包括储量、品位、埋藏条件、化学成分、矿石还原性与脉石性质、粒度与水分等。钢铁工业的燃料包括木炭、无烟煤、焦炭等，其中焦炭是钢铁工业的主要燃料。钢铁工业还需要大量的辅助材料，包括由石灰石、锰矿石构成的造渣熔剂和经得住高温的耐火材料。所以钢铁工业的发展，首先必须伴随着一系列不同类型的矿山开发和建设。

钢铁工业企业布局一般分为联合企业和单独设厂两大基本形式。单独设厂一般包括采选厂、炼焦厂、炼铁厂、炼钢厂、轧钢厂五种基本类型。采选厂可进一步划分为采矿厂（直接开采铁矿石，一般铁矿石含量在45%以上为富矿，30%～25%为贫矿）、选矿厂（将铁矿石粉碎，并浮选或磁选铁含量在60%以上的精矿粉，以减少燃料消耗）和烧结厂（将铁矿粉用焦炭烧结成块状），主要是进行高炉原料准备。炼铁厂以高炉为主体，将烧结矿和焦炭、熔剂混合冶炼，产生生铁（包括炼钢生铁、铸造生铁和高炉铁合金）、铁渣（包括水渣和矿渣）、高炉气和高炉粉尘。炼钢厂进一步以炼钢生铁或废钢为原料，加入燃料、熔剂，采用转炉、平炉或电炉进行炼钢，钢水通过凝结槽采用模铸或连续铸的铸钢方式形成钢锭。轧钢厂包括冷轧和热轧两种方式，热轧尚需经过均热、开坯、粗轧、整理等生产工艺，最后形成一系列钢板、钢管和型钢等钢产品。因资源条件、建设条件、消费对象的不同，各地可建立相对独立的矿山、炼铁厂、炼钢厂、轧钢厂和铁合金厂，为地方经济建设服务。钢铁工业联合企业是钢铁生产现代化和效率化的必然要求。一般说来，扩大企业规模，有利于采用工艺先进的大型设备，提高劳动生产率，节约原材料和动力的单位消耗，减少单位产品的平均投资，具有巨大的经济意义。我国将年产100万吨以上的钢铁联合企业称为大型企业，年产10～100万吨的为中型企业，10万吨以下的为小型企业。就生产方式而言，钢铁联合企业又分为完全联合企业和不完全联合企业两大类，完全联合企业包括从采矿到轧钢的全部生产过程，不完全联合企业包括采选、炼焦、炼铁联合企业（就近铁矿基地），炼焦-炼铁-炼钢联合企业（就近煤矿或钢铁消费地）和炼钢-轧钢联合企业（就近钢消费地）。虽然钢铁完全联合企业效益更大，但由于过于庞大的生产综合体，在厂址选择上有较大困难，因而，不完全钢铁联合企业在布局上更为灵活和常见。

钢铁工业布局要求具有用地面积大、运输量大、耗水耗电耗汽量大、环境质量影响大和协作配套面广的“四大一广”的特点。钢铁工业每生产1t钢铁需$2\sim4m^2$左右的用地，包括厂区、料场、渣场、厂外交通和电力用地、生活居住用地等等，同时，生产1t钢铁厂内外平均货运量约20t左右，其中原料运输约5~6t，要求建设自身的铁路专用线。钢铁工业耗水大，冷却用水比重甚高，直放式每炼1t钢需水$100\sim200m^3$，故应有足够地表水源保证。年产百万吨的钢铁厂，需要有30000kW的电力设备配套，并按一级负荷双电源或双回路供电。耗汽方面每生产1吨生铁需供0.3~0.4t/h的蒸汽，因而往往就近建设热电站供热、供电或自备锅炉供热。钢铁工业的环境污染严重，生产过程中排放出大量的废气、废水、废渣，被列为污染危害最大的六个工业部门（钢铁、炼油、火电、化工、有色金属冶炼和造纸）之首。钢铁工业具有广泛的协作配套面，包括产品原料的协作（如钢铁厂与焦化厂、重机厂和化工厂间的协作）、副产品和废品回收的协作（炉渣制造建材）、辅助工厂的协作和厂外工程的协作（如水、电、气、管线、运输方面的协作）等等。

4. 有色金属工业

有色金属是工业上除铁、锰、铬、铁合金及钢等黑色金属外各种金属的统称，计有64种，按其特性分为轻有色金属、重有色金属、贵有色金属、稀有金属和放射性金属等类型。有色金属以其特殊的优良性能广泛应用于电器工业、原子能工业、航天工业、有机化学工业和硅酸盐工业等方面，成为国家重要的战略原料。

有色金属矿床一般分为原生矿床（热液矿或接触交替矿）和外生矿床（残积或冲积的砂矿）两大类，具有矿床分布散、矿石品位低、矿资源储量少、共生与伴生成分复杂、提炼和分离困难的基本特点，需要比较复杂的技术和装备。有色金属工业由于原料和产品的多样性，因而是一个十分复杂的多种工业部门。有色金属采矿工业和其他采矿工业一样，以地下矿井开采为主。选矿工业采用浮选和重力选矿相结合的原理，包括破碎、筛分、磨矿、分级、洗刷、脱水等工业，耗水耗电量大，并应留有足够的尾矿余地。冶炼工业一般有粗炼（包括火法和湿法冶炼）和精炼（包括电解法和粉末法冶炼）之分，布局上就近原料、燃料、动力、运输条件和消费地等多种指向。金属加工业将精炼的有色金属加工成各种板、带、条、箔、管、棒、线以及压铸成各种特定形状的产品，布局上多就近消费地区，特别是机械制造工业中心。总体而言，由于有色冶金工业各生产部门布点要求不一，往往不像钢铁工业那样出现工艺连续的完全联合企业。同时由于矿石品位低，原料消耗大，冶炼中耗水多，加工成材要求不一，其布局上一般贯彻“采选结合、分散粗炼、集中精炼、综合利用和在消费地加工”的原则，其中精冶厂的布局由于具有就近原料、动力（电源）、运输条件和消费地等多种指向的不同，在有色金属工业布局中往往起到关键的作用。

有色金属工业布局上要特别注意对环境的保护和资源的综合利用。由于有色金属选矿破碎会产生粉尘，浮选时排放大量废水和尾矿矿渣，冶炼时又会产生重金属粉尘、二氧化硫气体和大量废渣、废水，因此布局上不宜建立在窝风的峡谷、盆地内和城市及居民点的上风向，处于水体上游的工业企业要加强对废水的回收处理。有色金属资源的综合利用，在共生矿区要建立综合冶炼厂（如铅、锌、铜联合冶炼厂），以便节约建设投资。考虑到有色金属大量属于硫化物，冶炼过程应考虑和化学工业结合建立硫酸厂。

5. 机械工业

机械工业是消耗大量优质的多品种金属材料，通过连续化、比例化和节奏性的生产工艺改变金属材料的物理性质，为国民经济各部门提供基本的设备和技术改造装备的本身具有高度技术水平的制造工业部门。机械工业产品结构复杂，生产协作条件广泛，对各经济部门技术改造具有基本性的作用，被誉为是“工业的心脏”。依据机械工业的产品用途，一般可分为动力机械制造（发电设备、变压器设备等）、运输机械制造（机车车辆、汽车、船舶、飞机等）、农业机械制造（拖拉机、联合收割机等）、工业技术装备制造（冶金设备、矿山机械、石油机械、纺织机械、化学机械等）、日用机械制造、电子设备制造、精密仪表制造、医疗器械制造以及武器制造等类型。考虑到机械工业对金属消耗量及运输布局要求，又可划分为重型机械、普通机械和精密仪器三个基本类型。

机械工业的生产过程连续化、专业化和协作化十分突出。其一般生产过程包括技术准备过程、机械工艺过程（包括毛坯制造、切削加工、热处理、检验、装配、成品试验）和辅助生产过程等三个部分，主要组成车间有备料车间（金属材料的铸工、锻工、第一热处理等）、辅助车间（包括机修、切削加工和检验用工夹具和量刃具、造型用模具等）、加工车间（金属材料的切削加工、零件半成品冲压、铆焊、检验、第二热处理、电镀等）、成品车间（装配、试验、喷漆、包装等）和动力车间（发电、变电、锅炉、煤气站、制氧站、压缩空气站、乙炔站）等。机械工业企业按生产流程的完整程度可分为全能厂（包括全部生产流程）、专业厂（只生产特定零部件及半成品）和组装厂（由机械加工和装配厂组成）等三种不同类型。由于机械工业服务面广，行业众多，品种复杂，一套设备往往包括多种主机和辅机，每一种单机又包括诸多的零配件生产，因此，机械工业的专业化生产与分工协作显得格外重要，其专业化的形式可分为生产对象的专业化、零部件的专业化、生产阶段的专业化等不同方式，分工协作的形式又有原料产品的协作、技术工艺的协作和零部件的协作等，必须因地制宜、统一规划，不能要求每个企业都搞成全能厂，同时也要将有协作关系的企业尽可能地布局到一起，以保证协作的方便和经济性。

机械工业是各工业部门中对自然条件依赖最小而受经济技术条件影响较大的部门之一。在经济技术条件中，机械工业的已有基础、技术水平和协作条件，冶金工业和电力工业的分布状况以及消费对象的分布地都是影响机械工业布局的基本因素，因此，机械工业的实际分布往往趋向于在这些因素结合较好的大中城市布局。当这些经济、技术条件在地理上不能结合时，就需要进一步根据各类机械工业的特点，分别接近其主导影响因素，如重型机械工业布置在冶金基地，工业设备制造工业接近工业中心，电力设备和精密仪表工业布置在科技中心，交通运输机械工业布置在协作面广、交通便利的地区，农业机械和轻工设备制造业接近各自的主要消费地区等等。

6. 化学工业

化学工业是最能充分利用一切资源的工业部门，凡是原料经过化学加工处理后，改变其原来的形状和性质，成为新的产品的工业部门均属化学工业。因此，化学工业是一个多行业、多品种的为国民经济多部门服务的复杂的工业部门，直接反映着国民经济的工业化水平和技术发展水平。化学工业按产品性质一般分为无机化工（无机矿物经化学方法处理制造酸、碱、盐等无机成品）和有机化工（生产烃类及其衍生物）两大类，按生产阶段可分为化学矿山开采、化工基本原料产品生产、化工中间体单体生产、化工成品生产四个大类。在我国列入化工的16个行业分属于下述六个部门：化学采矿业（开采硫、磷、钾、矿盐、重晶石、萤石等）、基本化学工业（生产酸、碱、氯、无机盐以及氧气、碳酸气、氯气等基本化工原料的原料工业），化学肥料工业（生产氮肥、磷肥、钾肥和多种复合肥料）、有机合成工业（生产基本有机合成产品、溶剂、试剂、塑料、合成纤维)、医药工业和橡胶工业等。

化学工业的生产特点首先在于它具有获取原料来源的多样性和应用上的广泛性。化学工业的原料几乎包括了一切自然资料,也可以利用一切工业和农业的副产品,其原料来源一般可分为自然原料(各类矿物、动植物以及水和空气)、工业副产品原料和化工半成品原料等三个部分,现代科学技术成就更是促使化工原料和产品的品种不断扩大,因而也导致了化学工业布局相互之间以及与其他工业间密切的协作关系。其次,化学工业多采用连续生产工艺,大部分是液相、气相下进行,设备装置要求高,并需要耗用大量的热动力和冷却、洗涤用水,对贮存、运输要求较高。再次,化学工业在生产过程中大多释放出腐蚀性气体和有毒气体,废水排放量也较大,对环境影响严重,要考虑其防火、防爆、防毒的安全防卫要求,一般设在城市河流下游和盛行风向的下风地带,与生活用地间保持一定的防护距离,同时应加强“三废”的治理、回收和利用,避免污染环境。

化学工业的布局由于受原料多样性和服务部门广泛性的影响,因此具有遍布性特点,并受到原料资源、用户分布、协作条件、燃料动力条件、供水条件等布局因素的综合影响。一般而言,单位产品原料消耗量大或原料不便运输的化学工业,多就近原料地布局;产品性能不便运输而原料运送相对方便的化学工业(如硫酸工业)则宜布置在消费地区;而那些产品与原料关系协作性强的化学工业往往协作条件成为其布局的主导因素,并可进一步建立起化工联合企业。

7. 建材工业

建材工业是为土建工程提供原材料的生产部门的统称,包括水泥及其制品、砖瓦、金属材料、玻璃、陶瓷、塑料制品、油毡和各种非金属建筑矿石开采等多种工业部门。它既是国民经济基本建设的重要部门,同时也为越来越多的工业部门提供着重要的工业材料。

建材工业生产原料大多直接来自于非金属建筑矿石(石灰石、白云石、高岭土等)的开采加工,并通过粉碎、混合、锻烧、凝结等加工工艺,生产过程不需要十分复杂的技术。同时由于建材工业需要量大,使用普遍,加之其天然原料资源分布极为广泛,即使经济落后的地区,也可以建设小型建材厂,用较简单的生产技术组织生产。因此,建材工业也是一个遍布性的工业部门。从建材工业布局的合理性而言,由于其原料和产品本身都十分笨重,加之价廉、量大、不宜长期储存,生产过程中燃料和电力耗费大,故一般要求其布局尽可能靠近原料产地或矿山、燃料动力基地,同时注意接近消费中心,进行产销区划平衡。在环境保护方面,建材工业粉末灰尘排放较多,布点上应配置在城市下风向,同时远离城市居住区,远离精密仪器工业、食品工业和轻工业,并不宜在风景区内兴建。

8. 轻纺工业

轻纺工业是原料主要来自于农业产品、成品直接投入日常生活消费的工业部门的统称。轻纺工业的部门特点是生产面广、量大、行业多;原料取自于农业,与农业关系密切;产品供销范围最广,与日常生活关系最为密切;工艺过程要求较低,劳动力要求数量较大;生产有一定连续性,原料加工失重少,布局上具有遍布性,等等。轻纺工业最主要的有纺织工业、食品工业、造纸工业、医药工业、皮革工业和文教用品工业等。

纺织工业是我国最重要的轻工业部门。纺织品不仅是人民基本生活资料之一,而且在工业、国防及文教卫生等方面有着广泛的用途。按其原料和产品的性质,纺织工业可分为棉纺、毛纺、麻纺、丝绸工业和化学纤维纺织工业五大类。从其共同的生产工艺看,一般又由纤维初加工、纺纱(制成长纤维纱)、织布(织成织物)和整染(漂、染、印、整)四道工序组成。纺织工业的布局中,属于纤维初加工性质的企业,如棉纺的轧花厂、毛纺的洗毛与制毛条厂、丝纺的烘蚕与缫丝厂、麻初加工厂等,多就近原料产区布置;属于纺、织、染、整性质的企业,则应综合考虑消费地、原料产地、劳动技术条件、水质条件和运输条件等各项因素,如丝绸厂一般布置在历史上手工丝绸基础较好和劳动力素养较高的地区,麻纺织厂布置在原料产区中心并就近消费地区以适应其原料和产品不宜长距离运输的要求,纺织印染和毛纺织厂对水源条件也有一定要求等;属于化学纤维纺织工业(包括对林产品和农副产品加工的人造纤维和对多种工业原料加工的合成纤维工业)的企业,考虑到原料、燃料耗费大及就近与化学工业协作多趋向于接近原料和动力基地布局。此外,纺织工业对生产用水的水质水温要求较高,并要保持一定的温、湿度和不被灰尘、有害气体污染的生产环境,其对环境的污染主要是生产用废水,特别是印染、缫丝和合成纤维企业。纺织工业布局的另一个特色在于其高度机械化与大量手工操作的有机结合,生产过程中需要较多的劳动力,特别是妇女劳动力(占70%以上),因此,布局中要注意劳动力平衡,不宜在劳动力缺乏的地区大量发展,而在某些重工业基地则宜于安排一定数量的纺织工业,以有利于协调轻重工业的发展和平衡男女劳动力比例。

食品工业是与人民日常生活关系最为密切、内容丰富的生产部门,包括粮食加工、榨油、油脂、酿造、制盐、制茶、卷烟、罐头、肉乳制品、水产加工、糖果、糕点、面包等多种工业行业。食品工业原料来源广泛、产品销售普遍,生产具有明显的季节性和年际变化,吸收劳动力较多,具有较强的地域性特点,是一种利于中小型企业广泛发育的遍布性工业部门。食品工业布局要求可明显分为既有原料加工失重性较大或不便运输而趋向原料产地布局的制糖、乳制品、制茶、榨油、果酒、罐头等行业,也有原料失重性小或产品不便运输而就近消费地布局的糕点、冷饮、啤酒、面包等行业,另有一部分行业介于两者之间,如肉类加工、冷藏工业等,可以在原料产地或消费地区灵活布置。食品工业的用地选择应注意与水源和城市居民区的合理关系,大量的小型食品加工工业由于生产过程本身对环境不会产生什么污染,因此,可以有计划、有组织地布置在城市的生活居住区内,但要满足食品工业本身的卫生要求。

造纸工业原料主要是含有纤维素的植物,包括木材纤维、棉绒纤维、草类纤维等约数十种,它的生产过程一般包括先把纤维制成纸浆,然后加入适量的填料、色料、胶料等,经过压榨、烘干而制成原纸,再经过加工则可制成各种用途的纸张。因此,根据工艺过程的阶段不同,造纸工业的类型可分为:纸浆厂、造纸厂、纸张加工厂和综合性纸厂。根据原料、消费区、交通运输和水、电等技术条件的不同,其在布局上也不一致:造纸厂的原料和燃料的需要量大,一般应靠近原料产地;为了充分利用大量分散的地方造纸原料,可以在地方建立中、小型的纸浆厂、造纸厂;而在木材生产中心,则可以建立大型的造纸厂。从运输角度看,用 3~5m^3 的木材建造一吨纸浆,用 1.3~1.5t 纸浆制一吨纸,因此在林区就地建厂制造纸浆输出较直接,运送木材到消费地区造纸,可节约大量运输,从而降低成本。此外,在大型木材集散地或大型木材加工工业中心,如能综合利用一切木材资源建立木材加工(锯木)及木材利用(纸浆厂、造纸厂、水解厂)企业群组成专业化的工业区也都能获得较好经济效果。同时,为了充分考虑消费因素的作用,在消费中心也应布置一定数量和不同品种的造纸工业。造纸企业具体布置上,还要接近水量丰富、水质优良的水源地,一般都要求沿河分布,并应布置在城市河流下游和盛行风向下风侧。造纸排放的废水、废气污染环境,故应建立回收和处理装置，切实做好对“三废”的治理与环境保护工作。

第三节　区域农业规划布局

一、区域农业生产的特点、作用和规划内容

农业是国民经济重要的物质生产部门。农业生产的对象是独特的有生命的动植物，包括作物栽培（种植业）、林木种养（林业）、畜禽饲养（畜牧业）和水产养殖（渔业）等等，农业生产的全过程，实际上具有人类经济社会再生产和动植物自然再生产相互交错协同的基本特征。作为一种经济社会再生产过程，农业生产与其他物质生产部门具有共同性，都是为了满足社会一定时期的需要，都要适应特定时期社会生产力水平和生产关系，服从于一定经济社会形态下共同的生产发展和配置原则的支配；另一方面，作为一种自然再生产过程，农业生产又具有和其他物质生产部门不同的特殊性，突出地体现在它受自然环境因素的制约更大，包括对自然条件（气候、土地、水资源和微地形条件等）的依赖性大，具有自然的生长周期和节律性，生产分布的自然地域差异性明显，自然灾害影响的不稳定性相对突出等等，从而使得农业生产及其布局具有不同于其他国民经济部门的一定的特殊性。

区域农业发展是区域经济发展的基础，是人类社会存在发展的基本前提，同时又是促进区域工业发展、城市化演进和基础设施布局的重要因素。在任何时期和任何国家，农业都起着国民经济的基础作用，主要表现在：① 农业是人类衣食之源，是社会赖以生存和发展的基础。农业发展的兴旺与否，不仅关系到社会基本生活水平的保障，而且还直接关系到社会各行各业的兴旺和人类生活水平和生活方式的发展与进步，特别是我国拥有 8 亿农业人口，农业的发展对国民经济发展意义尤为重大。② 农业为工业提供原料，是工业发展的原料基础。我国轻工业的原料，约有 70% 以上来自农业，重工业原料中也有相当一部分来自农副产品。从工业总产值看，农产品加工产值占总产值的 50%。因此，农业的区域化和专业化生产，直接关系到地区工业发展方向与布局，关系到工业发展的速度与规模。③ 农业是工业产品的重要消费部门，是工业发展的广阔市场。据统计，全国轻工业产品的 70% 和相当一部分重工产品供应农村。因此，一个地区农业发达与否，直接影响着农村购买力的强弱，关系到工业发展的前向市场规模。④ 农业为城市发展提供充裕的后备劳动力。当前，农业占有社会劳动力的主体和大面积的土地，要发展城镇和工业，同时需要大量的劳动力和充足的建设用地。因此，农业发展的集约化和现代化，能释放出剩余的农业劳动力，增加必要的城市和工业建设用地，直接关系到区域人口的迁移和分布，关系到区域城镇化水平和市镇体系的发展规模、速度和空间结构特征。⑤ 农业对区域交通运输和水资源供应等基础设施布局也有较大影响。据统计，在全国货运量中，农产品占铁路货运量的 20% ~ 40%，占公路货运量的 40% ~ 50%，可见农业的分布与发展状况对交通运输网配置的重要影响。同样，在区域水资源供应网络和电力系统供应网络的布局上，必须考虑农业灌溉用水和农业生产用电的基本需求。

区域农业规划布局的内容，依据农业生产的特点及其在国民经济发展中的基础作用，主要包括以下几个部分：

(1) 区域农业生产自然资源条件的分析评价；

(2) 区域农业生产现有基础和社会经济条件的分析评价；

(3) 依据上述区域农业发展条件和国民经济发展要求，确定区域农业发展的方向、规模和主要指标，确定农业发展的总体部门结构；

(4) 拟定区域农业主要部门(种植业、林业、畜牧业、渔业、副业)的发展布局规划；

(5) 按照因地制宜和农业生产专门化、区域化原则，确定农业发展的分区规划；

(6) 拟定区域农业生产技术和设施的发展改造规划，主要是农业机械化、水利化、电气化和化学化规划。

二、区域农业自然资源条件的分析评价

农业生产是经济再生产过程与自然再生产过程密切联系的物质生产部门。农业生产具有强烈的地域性特点，而自然条件是形成区域差异特征的主要方面，也是农业生产的基本条件或主要物质基础。因此，农业规划布局必须对之进行具体深入的经济评价，才能达到因地制宜、合理安排农业生产，更好地满足国民经济发展需要的目的。

对农业自然资源条件进行经济评价，就是指按照农业生产发展对自然资源条件的要求(一般要求和特殊要求)，具体查明各项自然资源条件的特点及其相互制约的内在规律，在现存的及今后可能达到的农业生产力发展水平和满足国民经济需要的前提下，评价其有利、不利条件，并利用潜力，为充分合理利用自然、改造自然，为农业发展规划布局提供基本科学依据。

农业自然资源条件是一个广泛的概念，大体可分为农业地貌、气候、水文、土壤及土地资源等，前四者一般多作为单项因素处理，但应着重分析它们的地理分布、地域结合、数量、质量特征等，即它们的综合影响(由单项到综合)；土地资源则集中反映着自然因素的各个方面，是农业规划布局的落脚点，也是评价的集中点。

1. 区域农业自然条件的一般评价

在一个较大的区域范围内，地域与气候条件及其综合的影响往往是决定农业生产部门的两个主要因素；而对农业最主要的生产部门——种植业来讲，气候与土壤条件则往往是决定各种作物种植适宜性的主要因素，但土壤一般直接间接受到地貌、气候条件的影响，因此，在区域农业自然条件考察中，应着重对地貌、气候这两个农业基本自然条件的评述。

地貌是所有农业自然条件中最基本的条件，直接或间接影响到气候、水文、土壤、植物等其他各项自然条件，即主要地影响到水、土、气的再分配。农业地貌通过其具体的形态特征——地面起伏、高度、坡度、坡向和地面物质结构等因素，对农业发生重大影响；大的地貌形态往往是部门区分的主要依据，小的或微地貌形态则主要影响到水、土的再分配，给农业土地利用、农田基本建设等带来重大影响。因此，区域农业地貌评价，应查明各大地貌类型面积分布及小地貌形态对土地利用、作物布局、农地改造等的具体影响。必要时，应根据需要，进行编制农业地貌类型区图以及坡度、地面切割等典型地段图。

农业气候是另一个自然基本条件，一般是查明区域农业气候基本特征(影响区域气候形成的主要因素及其表现)、热量资源(温度、积温、霜期、生产期、日照条件等)、水分条件(降水、季节及年际分配等)及主要气象灾害等(干旱、雨涝、霜冻、台风、冰雹等)对农业生产和布局的影响；有时要根据农业各部门或各种作物的生长对气候要求的指标划分农业气候区，分析农业气象灾害的防治途径等。

农业水文条件主要影响种植业对水资源要求的丰欠程度、地区分布和季节分配等，它涉

及到地表水和地下水两个方面，可结合气候条件查明地表径流、河湖水源的数量分布分配特征，以及结合水文地质条件查明地下水埋藏深度、储量、分布等，为确定作物布局、水利建设措施等提供依据。

土壤主要是农林业立地的基础，一般可查明其种类、数量、质量(肥力等)、分布以及改造途径和措施等。

不同地区、不同部门、不同作物，以至不同林、牧种类，对区域农业布局的影响是各不相同的，因此，在区域农业规划布局中，除应进行上述总的评价外，还须因地、因部门制宜，根据需要，有所侧重地进行单项的深入评价。而且，自然条件在不同类型地区(如山区、平原区、沿海区、内陆或城市郊区等)和不同地域范围的侧重点也应有所不同，应根据需要，从实际出发，进行具体分析评价。

2. 农业土地资源和不同类型农业用地的自然评定

土地是农业生产的重要手段和基本资料。农业土地资源的评定，主要是对其作为农业用地时质量的评定。土地质量的高低是自然的、历史的和经济的各种因素的综合反映。这里指的对土地资源的评定，主要是从土地的自然属性出发，并充分考虑到社会经济因素对其影响，在此基础上就土地质量的等级差异，结合农业部门对土地条件的固有要求，确定农业的合理用地，使各项土地利用各得其所，协调发展。

土地资源是上述各项自然条件的综合体现，其评定主要包括地面坡度、地面切割程度、水源及排灌条件优劣、地下水情况、土壤性质及侵蚀强度等因素。土地质量评价应进行综合分析，并抓住主导因素。

农业用地通常分为耕地、果园、牧地(场)、林地等四大类(水面另计)，其对自然条件各有不同的要求。耕地是各种农作物的生产基地，在各种农业用地中，对自然条件要求最为严格。一般要求地面平缓(坡度5°以下)，易耕易垦，便于排灌；土壤耕层较厚，具有一定的肥沃性(可以人为改变)；水源取给便利，或可以取得人工灌溉的条件。耕地有水、旱之分，水地又有水田、水浇地之别，这些都是由水源条件决定的。耕地利用有一熟、多熟制的不同，这是和气候条件直接相关的，均需加以评定。

果园对土地条件要求较低，一般地面以5°~10°斜坡为宜(或可开辟梯地)，土层不能太薄，对土壤养分要求不高，但果品种类很多，有各自适宜的气候区划，特别是亚热带果种，临界气候是一个限制因素。

牧地可分为天然牧地、人工改良牧地及人工栽培牧地三种。天然牧地多分布于荒山、荒坡、荒滩以及我国北部、西部草原或半荒漠区域。牧地评价要点是：查明牧草种类与利用价值；牧场水源条件；与气候、水源条件密切相关的牧场载畜量可能容量；对牲畜生长有特殊影响的某些自然因素(如风害、雪害、动物兽害等)及其改良措施经验等；并根据这些因素划分适合于牲畜种类和载畜量的天然牧场类型，为编制畜牧业规划方案提供依据。

林地对自然条件、土地要求较低，凡耕地、果园、牧地余下的土地，均可作林地之用，但经济林、用材林应分别对待。凡水分条件良好、坡向向阳、接近居民点的土地，都可辟作经济林用地。用材林选地适应范围很广，除某些林种对热量、水分等气候条件或坡向、高度等地貌条件有特殊要求外，一般对用地要求并不十分严格。

3. 不同农作物适应区划的自然条件评定

农作物生长培养需要有合适的光、热、水分和土壤养分等条件的保证，自然条件愈适合，所获得的收获量也愈大，为此，可根据各种作物生长发育所要求的自然条件，具体查明各地区自然条件提供的可能性，比较这种可能性的差别，划出农作物的适应区域，以便有效地利用自然资源条件，实行作物专业化、区域化生产，建立各种作物生产基地，以取得良好的经济效果。

(1) 根据各种作物对自然条件固有的要求，分别对各项有关自然条件进行评定。

首先查明热量条件是否能满足作物生长发育需要：一定的热量总和(通常用日平均>10℃以上的积温)，不同生长发育阶段对温度的不同要求(特别是生物学上的最低温度)，以及多年生植物对越冬条件的要求，其次，查明各地区水分保证程度和水分补充的可能性：降水总量或地面水、地下水能取得总量的保证程度，不同生长发育阶段对水量保证的要求，引用水源发展灌溉的可能性，再次，查明各种作物对土壤条件的要求：土壤的机械成分(影响土壤中空气流通和蓄水的能力)，土壤营养物质的含量，土壤的酸碱度等。

(2) 根据不同作物的要求，确定各个自然条件的不同指标，按自然条件实际分布和组合状况，划分作物适合区域。其中最适宜区为该作物所要求的各主要自然条件都很好，实行这种作物专业生产，可获得最大的自然经济效益；适合区为主要条件较好，但其中有个别主要的或某些次要的条件较欠缺，但可以进行技术改造，需要较大的生产投资；不大适合区为自然条件大体上可以满足生长该作物，但主要条件都有缺陷，作物产量质量不稳定，需投入很大的改造投资；不适合区为大部分自然条件都很差，或者某一主要条件难于改造，投资会得不偿失，该作物无法生产的地区。

由于作物不同，品种不同，因而所谓适合或不适合，对各种作物或品种往往就具有不同或相反的意义。在较大范围内，热量、水分地区差异性较大，而在较小的地域范围内，热、水差异则较小，甚至很一致，而地貌、土壤、水文等条件则往往具有决定性的影响，这是在具体评价分析时应予注意的。

4. 农业技术设施改造规划的自然条件评价

农业机械化包括耕作机械化、田间运输机械化、排灌机械化、农副产品加工机械化、畜牧业机械化、植保机械化等各种机械化作业，它是提高农业劳动生产率，实现农业现代化的重要内容之一，其中又以农业耕作机械化最为重要。如拖拉机耕作，对地面有一定的适合坡度和物质结构的要求，它一般适合于地面平坦、比较开阔的地区，故首先应划出平原、丘陵、山地三种基本农业地貌类型。平原适于机耕，但类型很多，有冲积、洪积、剥蚀之别，冲积平原坡度较小，地面物质较细；洪积平原地面略有倾斜，组成物质较粗，剥蚀平原地面起伏较大，疏松物质层较薄，颗粒大，对适于机耕的程度各不相同。其次，机耕要评价地面坡度的大小。坡度增大，增加油耗，降低工作质量，增大机器磨损，当超过一定坡度，将会影响作业安全。评价坡度适合程度，可作出各地区坡度图，再根据各种代表性拖拉机性能确定适合机耕坡度。一般是：15%以下的坡度机耕最合适；15%～30%尚能机耕；30%以上的坡度就难于机耕了。其三，拖拉机机耕还要求田区有一定的面积，边界整齐，以利作工。最后，还须估计土壤的物理性质对机耕的阻力(kg/cm^2)，一般沙土阻力越小，越易耕翻；粘土阻力越大，耕翻越难，可通过区域土壤机械成分制图，根据机耕适合程度，划出最适宜区，适宜区和不适宜区分三类。最后，将以上四种图进行叠置，得到各种组合，根据各个要素互相配合的程度，大体上可分为：最适宜区、适宜区、不适宜区几种类型，作为耕作机械化的自然条件综合评价图。

农业电气化自然条件评价就是对煤、石油、天然气、水力、风力、潮汐、沼气、太阳能等各种能源进行评价。可以按照其实际赋存和分布状况,制成区划图,联系农业利用可能来加以评述。

土地资源利用得当,可以成为取之不竭的财富源泉。如善于改良,土地质量可以得到不断提高。土地资源改良主要包括土壤水分条件的改善、土壤物理性质和化学性质的改善(土壤耕翻、沙荒盐渍土、红壤改良等)以及土壤营养物质状况(施肥)的改善等,即为水利化和化学化对农业发展的促进作用。

水利化自然条件评价内容包括需要与可能、灌溉方式与灌溉定额等三个问题。水利化需要与可能是指用在作物生长期间,可能蒸发量与降水量对比关系的地区差异,来确定各地区对于灌溉的需要程度、对灌溉要求程度较小、要求灌溉补充和非灌溉不能发展等三种情况还需进一步查明作物在生长阶段对水的需要,以确定季节灌溉措施、具体水利工程措施等。灌溉方式自然条件评定主要是看地形条件是否适于灌溉,仍然关系到地面坡度与地面切割深度两个因素,前者的缓急影响到灌溉渠系的布置和工程造价的大小;后者可用了解引水处水面与灌溉地面的高差,以确定是用提水或自然灌溉方式。作物灌溉定额与气候、土壤以及农作物种类(品种)都有关系,其自然评价的要点:气候方面是自然蒸发量的大小,土壤方面是有机质的多寡和结构的良好与否(影响灌溉水分吸收快慢和保水时间的长短);作物方面是对各自需水性的了解。综合三者,可以确定一个地区灌溉定额,并根据各地准备安排种植的作物绘制灌溉定额区划图。

农业化学化牵涉到的自然条件评定方面,主要是查明各种土类对作物生长有利、有害的程度,各土类缺乏哪一类营养物质及其程度如何,据以采选施用哪一种化学肥料或改良措施等。

三、区域农业生产现有基础的分析评价

农业发展规划布局要以现有生产基础为出发点,后者是以前者为基础。区域农业规划布局就是按照今后发展需要和可以预见的生产力水平,对原有的合理部分加以充分利用和发展,对其不合理或不适应的部分加以逐步改造,使农业各部分的规划布局达到尽可能的合理化与完善化。可见,对现有生产基础的分析评价是今后发展的主要依据。

对农业生产布局现有基础的分析评价,主要可从农业生产与需要的联系、农业生产地域分工与部门结构两个主要方面进行。

1. 农业生产与需要联系的分析评价

一般地说,合理的农业生产发展和布局应尽可能充分地就近保证农产品的需要,就是要使生产量尽量与需要量相适应,生产区尽量和需要区相接近,以避免不合理的长距离运输。

为了揭示农业生产与需要相联系的实际状况,要查明:每个主要部门的生产数量和分布状况、每种主要农产品加工工业及其原料需要量的分布状况、地区人口数量及其对主要农产品的消费定额和总的农产品消费量,据以明确地区各种农产品的盈亏状况(生产对需要的保证程度),并可以通过盈亏分析图或平衡表把它反映出来。在此基础上,可进一步查明其盈亏的原因以及分析其合理性如何,后者可借助于主要农产品货流图(流向、流量、距离)来加以明确。

农产品区间调运是否合理,可从以下三个方面来进行检查:

(1) 按照农产品在国民经济需要方面的普遍性看,需要性很普遍、需要数量很大而地域

限制性不严格的农产品，宜就地生产以满足需要，或运量运距不宜太大。

(2) 按照农产品加工失重性来看，加工失重性大的不宜远运，失重小的较便于远运。

(3) 按照农产品的保存性和变质性来看，蔬菜、牛奶、鲜肉等易腐易变质的农产品不宜远运，有的水果也以就近供应为好。

以上可以利用农产品运量、运距、运输成本和产品消耗率等几个主要指标来进行对比分析研究，以确定每种农产品区间运输的合理化程度。当然，还需联系到运输线路的具体状况、运输技术条件的改变等因素来作具体的分析。

2．农业生产地域分工与部门结构的分析评价

区域农业规划布局要求各农业部门在地域间实行有计划的合理分工和在同一地域内保持农业各部门间合理的比例关系。为了规划未来，就需要检查一下各地区农业生产地域分工现有基础及各地区现状农业结构是否合理等。

(1) 检查各地区农业生产地域分工已经发展的程度和部门。在地区农业生产中，一般都包括自给生产与商品性生产两部分，后者是农业生产地域分工的主要标志。地区间商品性生产可以用区际商品率来表示，一般有以下三种情况：① 农产品区际总商品率很低(如在10%以下)，自给性生产占优势；② 区际总商品率很高(如在50%以上)，自给性退居次要地位，具有显著的生产地域分工，主要的农业生产部门已成为专业化生产部门；③ 介于上述两者之间，自给性生产与商品性生产都很重要，区际商品交换已较发达，但不一定已形成专业化生产。

(2) 研究农业生产由于地域分工不同而发展程度不同的原因和地域分工的合理性。农产品商品率不高的原因，可能是由于当地生产水平低，或者是区内的需要量很大，或者是运输条件的限制使得有商品意义的农产品运不出去和迫使本地区生产一些生产条件不好的农产品(外面运不进来)，总之，应联系到地区的生产条件、生产水平、当地对农产品的需要量和交通运输条件等来查明商品生产不发达的原因，从而为每个地区今后扩大商品性生产、实现生产地域分工创造条件。

对农业生产地域分工已形成或高度发展的部门，也需要分析其原因，看其是否合理，以利于今后规划发展中加以充分利用和继续提高。现有生产地域分工在地域分布上是否合理，可从两个方面进行检查：① 从生产区与需要区联系看，这种生产地域分工是否能就近保证满足需要；② 从自然条件适合性看，该商品性生产部门是否分布在条件最适合的地区，从而为进一步规划布局提供基础依据。

(3) 检查各地区原有农业部门结构是否合理。主要可通过农业产值结构指标，从以下四个方面来检查：① 在发展商品性生产的同时，对地方性需要的保证程度；② 农副产品的利用是否合理；③ 土地资源的利用是否合理；④ 劳动资源利用是否合理。农业部门结构检查还应着重查明实际上已存在的农牧矛盾、农林矛盾、粮食作物与经济作物矛盾等等产生的原因，为今后规划布局和改变这种状况提供拟定措施的依据。

四、区域农业发展方向、规模和部门结构的总体规划

区域农业发展方向是指在一个区域或地区内主要发展哪些农业部门、它的主导生产部门如何、一般部门如何、重点是以发展哪一个或某几个部门为主。实际上，地区农业发展方向的确定涉及到农业各部门的发展规模和合理结构等一系列问题，在拟定的过程中，它应该

是根据需要与可能综合平衡的结果,而不是凭空设想要发展什么或不发展什么。

从原则上讲,确定区域农业发展方向应执行农、林、牧、副、渔五业并举和“以粮为纲,全面发展,因地制宜,适当集中”的方针以及农业生产地域合理分工与综合发展相结合的原则,实行农、林、牧、副、渔五业和粮、棉、渔、麻、烟、糖、丝、茶、果、蔬、药、杂等合理布局。在一个较大的地域范围内,农业部门的发展必须具有多样性、综合性特点,但在一个较小的范围内,则必须因地制宜,充分利用地方有利条件,发展农业优势部门,实行专业化、区域化生产。例如,在一般农业地区应以粮为主或以某一经济作物为主在林区应以林为主,在牧区应以牧为主等等,以取得最高的农业劳动生产率和最大的经济效益。这就是说,在具体确定区域农业发展方向时,必须根据国民经济发展需要和地区实际可能条件,从现有生产基础和当前及今后可能提高的生产水平出发,加以综合平衡才能确定,区域农业发展规模的拟定,主要取决于国民经济发展对各种农产品的总需要量,这些需要量是由以下几部分组成:① 区内消费需要量,包括食物、衣着及其他农产品的生活消费量。制约区内消费需要量的主要因素有两个:人口的增长和消费水平的提高。在计划生育的条件下,可以按照平均人口自然增长率来计算规划期间的人口数量,消费水平可以按照当前实际水平以及合理估计今后消费品结构改变趋势拟定各项消费品的消费定额。② 生产需要量,指农业、工业等生产对农产品的需要。在农业上,为了继续不断扩大再生产,需要足够的种籽、饲料、基本母畜、种公畜、后备母畜等;在工业上,须估算为了供给农产品加工业需要的原料(主要是非消费性的)。③ 国家农产品的储备量,如粮食、棉花、油料等均须保有一定的储备量,可以按实际需要计算。④ 出口需要量,可根据地区现有实际情况再参照国家外贸部门对农产品各种需要可能性加以估算。凡是有条件出口的农产品,都应尽量争取出口,扩大换汇率,特别是一些具有传统的国际市场地位的农产品,更应该注意发展。以上四种需要量的总和,即为规划期间各种农产品的总需要量。这个总需要量一般可以按人均社会占有量来表示,它代表着国家在规划期间对一个区域农业生产发展规模的总要求。

从区域地理分工的角度看,任何一个地区的产品需要量,都可以分为区内需要量与区外需要量两大部分,后者是根据国家的需要确定的,前者可根据区内人口的增长,消费水平提高和生产发展需要等来加以确定。区内、区外需要如安排恰当合理(既从地区实际出发,又能最大限度地满足国民经济各方面的需要),就是一个有科学依据的农业生产合理地域分工与综合发展相结合的区域农业发展规划。而进一步,用各种农产品规划需要量同现有生产量进行对比,将会发现有些农产品差距很大,有的相差不大,有的还稍有余裕,等等。特别是考虑到适应今后消费水平和国家需要不断提高以及消费结构逐步改变的要求,要在实际可能的条件下,大力调整薄弱环节,从而建立起一个合理的部门结构。

在确定农业发展方向和发展规模的基础上,区域农业发展规划要进一步按地区为单位综合考虑每一个地区各种主要生产部门的发展规模、主要部门和次要部门的比例,编制区域内合理的农业部门结构,以利各部门协调发展。由于各个地区生产生活需要,自然经济条件和原有生产基础的差异,会出现各自不同部门结构特点。具体地拟定一个区域或地区的农业部门合理结构,使它们之间保持合理的比例关系,可从以下几个方面进行分析研究:

(1) 按照生产上的联系,使农业各部门互相促进,使各种农产品、副产品都能做到物尽其用。农业各部门之间的合理结合,首先是农牧业的结合。耕作业要求畜牧业提供役畜和有机肥料,而发展畜牧业则需要种植饲料作物,农作物也有大量副产品可作为饲料,农牧业的合理结合,始终是一个地区农业合理结构的重要标志。农业和林业也要合理结合,特别是在山区、库区或水土流失、气候干旱的地区,林业是维护良好的生态平衡的重要条件。逐步改变我国长期以来的农业单一结构,特别是以粮为主的小农单一经济结构,是我国农业现代化建设的一个重要内容。根据地区条件,实行农、林、牧、副、渔之间的合理结合,是保证提高生产、满足需要的必由之路。

(2) 根据自然和土地资源的条件,做到地尽其利。每一个地区都有其多少不等的农用地类型,以及在同一农用地(如耕地、林地、牧地、水面、荒地等)之中不同的土壤、水文条件,各提供着其适宜的农业发展对象和活动场所,这是农业部门合理结构最主要并最具有决定意义的物质基础条件。区域农业规划就是要使农业各部门发展因地制宜,各得其所。要考虑今后随着农业生产水平的逐步提高,尽快合理调整农业用地,变农业恶性生态循环为良性循环,以达到地尽其利的目的。

(3) 充分合理利用劳动力资源,做到人尽其才。农业各部门、各种作物作业对劳动力需要的多少差别很大,要求投入的季节也不一样,各地劳动力数量也不同,劳动力本身也有强弱和素养的差别。因此,主劳动力的安排利用上要做到部门合理使用,季节均衡搭配,要随着农业结构的逐步改善,不断改变和完善农业劳动力结构。

(4) 满足和照顾到生产生活上多方面的需要。不仅要发展那些主导生产部门和一般次要的部门,还要考虑到不可或缺的地方生产、生活习惯需要的一些小宗产品,尽管后者所占比重很小,但规划时应注意留有余地,这和小农经济条件下"万物俱全"式的概念并不是一回事。

(5) 注意经济效益。农业各部门的生产投资很不相同,收入多少、收益快慢也很不相同。因此,在规划发展时,应注意把投资大和投资少的部门、收入多和收入少的部门、收益快和收益慢的部门有计划地结合起来,把目前利益和长远利益结合起来,实行以长养短,主副结合,特别是当前实行农副工综合发展,走农工商一体化道路,更需要统筹考虑这些方面的问题。

以上几个方面是相互联系的,全面考虑到这些方面才可以编制出一个比较合理的部门结构方案来。农业部门结构具体反映在总产值结构、土地利用结构、播种面积结构和劳动力结构等方面,均须加以拟定。

五、区域农业主要部门的布局规划

1. 种植业布局

种植业主要包括粮食作物和经济作物两大部分,它们的布局要求各有不同。

粮食作物是农产品需要量中最大的,也是各地区最基本的生活必需品。现有农业生产一般都贯彻执行了"决不放松粮食生产"这一主要农业指导方针;各地区都有适于种植粮食作物的场所。因此,粮食作物必须也可能按照各地区的实际需要进行较广泛的均衡布局,在若干生产条件优越、有大量余粮的产区,还要建立国家或省内的粮食生产基地,作为地域分工的专业化生产部门。除了食用粮食外,粮食作物中的饲用粮和作为非生活消费品的工业原料用粮的布局,应根据农牧结合和逐步改善农业结构的需要与畜牧业和工业布局结合考虑。

经济作物种类很多,各自对自然条件、劳动力和技术条件等要求比较严格,较之粮食作物，其分布一般具有较突出的地域集中性。根据工业原料及出口的需要，某些经济作物还需有较大或很大的发展，经济作物适当集中布局具有很大的经济意义。应当把各种经济作物安排在各自自然条件最适合，经济效益最高的地区，建立不同规模的生产基地，是经济作物合理布局的一项重大原则。

农业的生产地域分工，很大部分是对经济作物而言的，区域经济作物的布局安排，可按下列步骤进行：首先，从各种作物要求的自然条件划出作物不同程度的适合区域，可揭示出每种作物在区域内自然条件最适宜的地区；其次，检查现有各种作物实际分布情况，是否安排在条件适合的地区，同时，用各种作物的单位面积产量、产量稳定性、生产成本、劳动生产率等指标进行地区对比，并分析生产地与消费地的联系、农产品地区间调运的情况，以揭示这些作物现有分布的合理程度及其原因与改变可能；再次，根据不同作物在区外、区内需要量的大小，结合上述的分析，大体上可以确定该作物的分布地区及需要发展的规模。在具体安排时应注意：① 优先安排在自然条件最适合，而现状又有生产基础的地方；② 在条件不适合，而经济效益又很低的地方，应加以调整改变；③ 同一地区适合几种经济作物时，应比较原有基础、需要量大小、技术要求、经济条件的高低，以及对消费地区和加工工业的接近程度等，决定其主要生产地区。

2. 畜牧业布局

畜牧业是以动物饲养为对象的农业生产部门，它主要是利用天然或人工饲料，生产肉、蛋、奶等副食品和毛、皮等高价值的工业原料，并可提供农耕、运输用的役畜。畜牧业一直是农业的重要组成部分，同时，畜牧业也是我国农业发展中的一个严重薄弱环节(我国畜牧业产值占农业总产值的比重为 20%，而法国为 55%，美国为 60%，加拿大为 65%，英国为 70%)，从充分利用自然资源条件，实行农牧结合，改变农业结构(食物构成)以及满足国民经济多方面的需要来看，都要大力加强畜牧业的发展力度。我国畜牧业类型区很多，基本类型有三个：纯牧区、农牧交错区及农区畜牧区(饲养业)，其各自的条件不同，承担的国民经济任务也有所侧重。在发展方向上，牧区应以牧为主，农牧交错区应农牧并重，一般地区也应大力发展饲养业，实行农牧结合。我国农区人口多，需要量大，畜牧业发展中加强饲养业的发展，具有十分重大的国民经济意义。

和种植业布局相比，畜牧业是一种适应地域更为广阔的农业生产领域，这是因为畜牧业的生产对象——动物对自然条件的适应性远比植物为大，因此除了一些极端性自然条件对少数牲畜有严格的地域限制外，只要饲料供应充足，绝大多数畜产品生产几乎可以到处布局。从生产的经济合理性而言，影响畜牧业布局的基本因素可以归结为适运性和饲料条件两个方面：

(1) 畜产品的适运性。一切不易贮存，不宜远运的畜产品，如鲜奶、鲜蛋、鲜肉等，应尽可能接近消费区生产。在人口密集的城市和工矿区，牧区农业生产布局是一个很重要的内容。从要求看，肉、乳、禽、蛋都要做到最大限度的自给。易于保存和运输的畜产品，如毛、皮、乳酪、干酪、肉类以及役畜甚至某些小牲畜(如猪、羊)等，应尽量分布在接近廉价的饲料产地，因为在畜产品的生产费用中，通常饲料费要占 50%或 50%以上。所以，我国不少地区可以在饲料来源丰富的地方建设为满足国内或外贸需要的畜牧业基地。

(2) 畜产品的饲料条件。应根据牲畜需要饲料的构成和各地可能提供的饲料来源合理安排各畜牧业部门。例如，猪需要最多的是多汁饲料和精饲料，乳牛需要大量多汁饲料和较少的精饲料,马需要大量的粗饲料和精饲料,但不需要太多的多汁饲料,羊、牛等都主要靠粗饲料等等。由于天然牧场主要是提供粗饲料和少量多汁饲料,大部分多汁饲料和精饲料依靠人工栽培来提供,因此,应根据饲料来源、分布状况,有所侧重地相应发展各不同部门的畜牧业。

当前,在我国广大地区,必须十分强调贯彻农、牧结合的布局原则,除尽量挖掘饲料潜力、继续抓好养猪业生产外,要十分注意养牛、养羊以及养兔业的发展。我国南方有几亿亩的荒山草坡几乎弃置未用,可以用来建立养牛业生产基地。此外,在广大牧区,主要是要解决精饲料和多汁饲料不足以及提供充足饲料问题,为此,要发展一定规模的饲料牧草种植业。

3. 林业布局

森林具有防止自然灾害、保护环境、涵养水源、防止水土流失以及生产木材和其他林产品的多种功能,国土缺乏森林覆盖,山河无从治理,工农业建设和人民生活就不可能得到真正的保障。林业既是一个由原料生产到产品加工门类繁多的生产体系,也是一个与农业建设密切相关的社会公益事业。林业规划必须贯彻“以营林为基础,采育结合,造管并举,综合利用”的方针,实现大地园林化,生产基地化,安排造林、营林面积,建立相应的苗圃基地。同时,应农林牧实行统一规划,山、水、田、林、路综合治理,根据不同地区的自然条件、特点搞好林业布局。

林木种类很多,生长条件各异,而国民经济对林业的需要又是多种多样的。因此,林业布局要全面分析需要与可能,使林业建设与整个经济建设相适应。一般地说,根据地区条件和不同要求,可以营造不同的森林。如以抵御灾害为主,可以营造水土保持林、防护林和护路林等;以增加生产为主,可营造用材林、薪炭林、特用经济林、果园和苗圃等;以改善卫生保健条件、生活环境为主,在城镇居民点内营造各种公共绿化园林,在乡村则在屋前、房后、路旁绿化,美化生活环境。

林业布局内部也有一个长短结合、多品种合理搭配问题。例如,从经济效益出发,防护林的营造应尽量结合发展薪炭林、用材林、经济林以及风景林等;把生长周期较短、收益较快的经济林和生长周期较长、收益较慢的用材林结合起来,费劳力多的和费劳力少的树种结合起来,等等。从生产和生活的需要出发,也应考虑林种的多样化。在果品种类安排上,既要考虑水果、干果和鲜果的互相搭配,也要考虑到同一果品中早、中、晚熟的品种搭配,以利均衡生产和供应市场的需要。

4. 渔业和副业布局

农业生产除种植业、畜牧业、林业几个主要部门外,还包括水产业(主要是渔业)和副业等部门。水产业发展规划布局是根据水面条件而定的,原则上应充分利用江、河、湖、库等一切水面,积极发展淡水渔业,同时,也要建立集中与分散的多类型渔业生产基地,特别是城市、工矿区,应充分利用一切水面,发展精养渔业。在沿海地区,还应着重制定海涂利用、海洋捕捞、养殖和加工生产布局的合理规划。副业生产门类极其广阔,应因地制宜,积极发展。乡镇企业和庭园经济的发展,是近年来农副业生产发展的突出趋势,富有极其旺盛的生命力,其发展一般应与农业本身发展密切结合起来,走农副工综合发展的农工商一体化发展道路。在布局上,也应根据各地具体条件,合理安排,积极引导,大力发展。这对于改善农民生活水平,提高农业资本投入,无疑具有十分重要的积极意义。

第四节　区域交通运输规划布局

一、区域交通运输的特点、任务和规划内容

交通运输是物质生产过程在流通领域内的继续。它一方面,它作为国民经济的一个重要部门,是区域经济组成的要素之一,与地区各部门有着密切的联系;另一方面,它又是区域中最重要的建设条件和工程措施之一,是建立区域经济体系的重要环节。交通运输对经济区域经济的形成发展、地区生产力的合理布局具有十分重大作用,它既将国民经济所有部门联系起来,又将生产领域(包括原料、材料、燃料产地与生产地之间)和消费领域联系起来,既把工业和农业之间联系起来,又把地区内各部门之间及地区与地区之间联系起来,因此,它是发展工农业生产和组织城乡经济生活的重要纽带,也是保证各地区有可能实行专业化生产、实行合理劳动地理分工的重要条件。交通运输业本身还是工业产品的巨大消费者之一,又是具有形成城市意义的重要部门。优越的交通地理位置,往往是形成工业大量聚集和人口分布中心的重要影响因素。此外,一条重大交通线路改造或新建的不同选择,对影响原有城市中心的进一步扩大和推动地区生产力的均衡发展往往具有不同的意义。一个完善的区域交通运输体系应该是既加强已开发地区生产的进一步发展与集中,促使各地区之间的劳动地理分工更加合理,又要促进新建设地区生产力的均衡发展,从而达到在全国范围内交通运输职能的能动作用。总之,交通运输是影响区域经济发展的最积极最活跃的因素,它与其他部门的经济发展密切联系,相互依赖,编制好区域交通运输规划布局具有很大的国民经济意义。

区域规划中交通运输规划布局的任务是:根据区域经济发展的要求,在国民经济计划的指导下,从本地区具体条件出发,经济合理地组织区域交通运输网,以满足工农业生产和城市建设发展的要求。规划的具体内容包括:

(1) 区域运输经济规划　根据当地经济发展,区内外经济联系以及邻近地区客货流过境等现状和今后发展趋势(计划),确定近远期客货运量、周转量和运输工具需求量。

(2) 区域交通运输网规划　安排各主要线路的货(客)运种类、流量、流向的运距以及确定各主要站场和港口的吞吐量、吸引范围,合理组织各种运输方式的功能分工,制定铁路、水路、公路、主要站场、港口、码头、机场等工程布置规划。

二、区域交通运输现状基础与发展条件的分析评价

1. 区域交通运输现状分析

区域交通运输现状分析应着重以下两个方面的内容:

(1) 区域现状运输网组成特点　区域运输网的组成包括:各种运输方式交通线路的起讫点、长度、密度、分布、通过能力、站场、港口的位置、规模、起卸能力、港口的腹地面积、码头的类型、航道的深度、通航吨位以及公路的等级等等。应着重分析主要运输方式的现状、潜力及其发展可能以及运输网中现存的薄弱环节,为规划提供依据。

(2) 运输经济现状　运输经济包括:区域内主要物资流量、流向、总运量和周转量现状及增长情况,运输系数和货物构成,各种运输方式的分工协作(各自承担货物种类和比重)和运输设备利用现状等。区域运输流量、流向调查是一个比较复杂的问题,应注意:① 铁路运

输:一般是区域的主要运输方式。要查明区域内各主要城市及工矿点主要物资运输的到发量(按货物种类分年统计),区域内主要干线的过境运输量及过境列车对数(区内与区外运输的关系);② 航道运输:区域内主要城镇及工矿点港口吞吐量、主要货物到发数量和构成以及经过本区的过境或转运的区际运输情况;③ 公路运输:一般搜集区内主要公路干线货流即可,内容同上。为了弄清区域货运流量、流向实际情况,可编制货运流量流向图。在查明现状运输经济的同时,要了解区域内近远期运输增长的情况及其对运输的要求,可抓住各主要工业企业、各主要城镇新增运输量及过境运输可能变化发展的情况。

2. 区域交通运输发展条件的分析

区域交通运输发展条件分析内容包括:

(1) 区域交通地理位置特点　基本上可分为通衢位置、中心位置(几何中心或政治经济中心)和边缘位置三种。通衢位置和中心位置意味着本区域在大的交通运输系统中占有重要的地位,它影响到货运到发量的大小、线路走向、站场港口设置及其等级规模等。边缘位置一般通过量不大,多只具有自身运输的特点。交通地理位置优越与否往往影响到区域交通的经济地位,通过分析可以看出本地区交通运输在全国或地区的意义,并据以拟定本地区发展交通运输的原则及其与其他国民经济部门之间的配合问题。

(2) 区域交通运输发展的自然条件　自然条件是影响区域运输布局的重要因素之一。例如,地貌类型、地表切割程度和地面坡度对铁路线路布局、工程大小都有直接影响。河流水网密度、河道宽度、水深、流量、流速、水位变化等水文特点对航运提供不同的条件。通过对交通运输自然条件的分析,明确区域交通运输的有利条件和不利因素及如何加以充分利用和合理改造,因地制宜地搞好区域运输网布局。

(3) 区域交通运输发展的经济条件　着重分析自然资源分布及其利用状况,生产力发展和分布特征,国民经济部门(主要是工业和农业)构成和相互联系情况,城镇居民点分布特点,以及这些方面今后发展变化的趋势,据以确定运输发展和布局的基本依据。

三、规划期内区域交通运输发展情况与需求的分析评价

规划期内区域交通运输的发展情况与需求是区域交通运输规划布局的重要依据,一般由以下四个部分组成:

1. 掌握中央和地方有关区域交通运输发展计划和规划的主要内容

具体包括:① 计划及规划新建、扩建、改建的铁路、水路、公路等各项工程和运输设备,如站场、港口、码头、机场等;② 运输量增长计划的比例,如各种运输工具增长的速度以及它们之间的比例。

2. 查明区域内近、远期运输量增长对运输的要求

具体包括:① 主要工矿企业新增加运输量及其对运输的要求,可按厂矿了解新建、扩建、改建增加的运输量(输入、输出),需要用何种工具解决,在运输上有哪些特殊要求等;② 主要城镇新增运输量及其对运输的要求,特别是查明新兴工业城镇及大城市的运输量;③ 区域过境运输状况,在经济发展或新的交通线开辟后,区际运输的变化。如过境运输量增加、主要货物流量、流向的改变等等。

3. 分析现状交通运输中存在的问题

主要包括交通运输网、交通运输组织、交通工具分工、交通运输流量、流向中存在的问

题，交通运输网有哪些薄弱部门或环节，有哪些不平衡现象，如迂回运输、相向运输、不合理运输等；区域内有哪些可以沟通而未沟通的交通线路(铁路、航道、公路)；有哪些未充分利用的交通线路和交通工具等。

4. 分析区域内经济发展后反映在交通运输上的一些新情况和要求

具体包括：① 需要新建、扩建、改建的工程。分析应该新建、扩建、改建哪些工程，怎样才经济合理，这些工程建设后对整个区域交通运输系统、交通组织、邻近地区的交通将产生哪些影响，对城市、工业布局有何影响；② 需要合理调整的运输流量、流向。区域经济发展后，运输流量、流向将会发生变化，必须根据新的情况加以分析考虑如何调整和解决新的合理的流量、流向问题；③ 需要合理组织的交通运输网及调整的交通工具的分工。新建、扩建、改建交通运输工程的进行，运输流量、流向的变化，必将引起交通工具分工的改变。因此，必须根据新的情况，分析交通网怎样形成和分工才能适应新的要求及经济合理。

四、区域交通运输系统布局规划

区域交通运输系统规划的编制是区域交通运输规划布局的中心内容，它涉及到整个地区以及区际经济联系和生产力合理布局问题，对区域城镇居民点规划布局也有十分密切的关系。因此，在区域规划的编制中，区域运输系统布局始终具有举足轻重的重要影响。

就一般情形而言，在区域交通运输系统布局规划之前，尚需对区域运输经济进行总体的规划。运输经济规划包括：确定货物运输量、周转量和运输工具需要量三个主要指标，其中货运量的确定是最为基础的一环。货运量的发展取决于规划期内经济社会的发展水平和货物流量、流向变化的情形，如上所述，要通过对区内主要工矿企业、主要城镇经济中心新增运量及区际运输变化情况的调查加以研究确定。在确定货运量的基础上，就可以计算货物周转量(运量与平均运输距离的乘积)和运输工具需要量，后者是将各种运输方式的周转量除以各种运输工具周转量的平均定额求得之。

1. 区域交通运输布局基本要求

区域规划中交通运输系统的含义是：根据国民经济发展要求和区域具体情况，经济合理地布置各种运输方式，使其成为以铁路、公路或水运干线为骨干，以较大的站场或港口为中心，以现代化运输工具为特色，陆、水、空相结合的四通八达的交通运输有机整体。据此，区域运输系统布局的基本要求是：在国家现代化建设的总要求下，贯彻“全国一盘棋”的精神，因地制宜，合理安排各种运输方式，以最大限度地满足国民经济发展的要求，充分发挥交通运输的先行作用。

2. 按各种运输方式的技术经济特点，因地制宜地进行区域运输系统合理布局

区域交通运输系统布局首先应明确本地区交通运输在全国及地区的意义以及交通运输对本地区经济发展的作用及其与其他国民经济各部门之间的关系。在此基础上，进一步明确各种运输方式在区域内的具体作用和地位，使其有主有从，相互结合，充分发挥各自的最大作用。

(1) 铁路运输布局　从区域规划范围看，铁路一般多作为区域运输网的骨干，担任长途运输的任务，铁路运输的作用在于为区内外经济联系服务以及为外区的通过运输服务。按布局要求，如其作用是前者，则线路布置应尽量通过或接近区域经济中心和工矿点，以减少短途运输的压力和费用；如其作用主要是后者，则线路方向以径直为宜，以大量节约长期的

通过运量营运费。当然，在可能条件下，也应照顾到地方的实际需要。但如线路经过某一经济中心而所绕行过长距离或影响其他经济中心时，则可采用修建支线的方法以利两全。地方铁路布局主要作用在于接通运输量较大且较稳定的工厂、矿山、车站、码头或林场，以加强地方运输中最薄弱的环节，同时也应考虑接通主要粮食作物或经济作物生产基地，以利农产品商品基地的建设。地方铁路与大铁路是支与干、络与网、微血管支血管和大动脉的关系，在区域规划运输网布局中，应予以十分的重视。大铁路和地方铁路作业站布局对地方经济的发展和铁路运输管理有重要意义，应使其尽量接近经济中心和工矿点（年发 5000t 以上的即可布置）。

(2) 水路运输布局　大河航运负担长途干线运输的任务，即使是中小河流有时航运也能起到大宗廉价地集散物资的作用。航运开发对减轻铁路、公路运输压力有着重要作用，因此，可通航的河道，在可能条件下都要争取通航。天然河流可通过工程措施改善航行条件，开辟航道；人工运河要求航道与运河航运特点相适应。在平原地区要求实现河网化；在山区和丘陵地区，即使河道情况比较复杂，也可根据通航条件和通航要求，分期分段地逐步开发，初期采用较低的通航标准，经过逐渐改善，达到较高标准，亦即“先通后畅”，逐步向河网化过渡。河网化后，可使水运系统四通八达，这样可以避免或减少货物的中途倒载，组织船舶直达运输，充分发挥水运的特点，以提高它在运输网中的地位和作用。航道的开发必须与水利工程密切结合，确定航道等级时应特别注意航道水深和船闸建筑问题。应妥善处理跨越航道的铁路和公路桥梁，根据通航的要求，使桥梁有一定的净高和跨度。考虑港口的布局时，必须了解区域客、货运的分点流向和流量，在货流规划和航运规划的基础上，提出港口的分布特点，并划定客货运腹地范围，计算远景客货吞吐量，确定港口规模，并根据其规模大小相应地配置与腹地相联系的交通线路。港口的位置应尽可能地接近经济中心和工矿点。

(3) 公路运输布局　公路在区域运输网中担负着为铁路、水运干线集散物资的任务和承担区间和站间的运输任务，是短途运输最主要、最基本的运输方式。但公路干线可以担负临时性的长途突击任务，作为铁路的补充线路和接替河运在冰期、枯水期的季节性长途运输任务，在没有铁路或河运干线的地区布置公路干线，就更为必要了。此外，调配车辆、连接支线等公路运营本身和国防需要，也要求布置等级较高的公路。所以，公路干线在区域运输网布局中具有重要地位。在区域规划中，组织一个完整协调的公路网，对促进地区均衡发展意义很大。如以一个地级市域范围为例，可以考虑建立地市、县市、乡镇三级公路网。以地级市为中心，通往各县及邻区大、中城市为市一级公路网；以县城或县级市为中心，通往各乡镇及主要工矿点、林区的为县一级公路网；以乡镇为中心，通往各行政村、居民点的为乡镇一级公路网。公路技术等级的确定是运输网布局中的重要问题，应视其经济、军事、交通意义和行车密度而定。一般大区和省干线以三、四级为宜，市、县、乡镇级公路以四、五、六级为宜。

(4) 空运布局　航空线开辟主要服从全国、全省的需要，应组成以首都及大城市为中心的航空网，考虑在较大的或特定的城市设置机场。飞机场址的选择以不干扰城市，又不远离城市为宜，机场与市区间要开辟等级较高的公路。

3. 区域综合运输系统布局形式和内部构成

一个有机完整的区域交通运输系统应该有利于各种运输方式、长短途、干支线和点线等四个方面的密切结合，有利于运输干网的建立、巩固和发展，达到综合利用、分工协作、各取所长、互相促进的目的。为此，必须根据国民经济发展的要求和自然条件提供的可能，在上述各种运输方式布局的基础上，研究区域综合运输网的布局形式和内部构成，以解决它们在运营上可能发生的矛盾，并以最小的基建投资、最低的运费、最短的运距、最快的运速和最合理的运输方式，做好国民经济发展的“先行官”。

(1) 全面研究现状区域物资流量、流向的合理性，如存在不合理的货源交叉运输，过多的中转倒载等是否由于运输网布局的不合理所造成；研究其三角循环、连续循环、电挂、接力等一条龙运输是否由于运输系统的不合理而受到影响。可以运用线性规划、图上作业等方法求得新的合理的流量、流向方案，为运输网合理形成，各种运输方式合理分工提供科学依据。

(2) 研究区域运输系统的主体、各种运输方式的地位、作用及相互关系，要按照各种运输方式区域布局的技术经济特点，因地制宜，确定主体运输方式及其配合形式。在运输网布局中，要研究确定各种运输方式的合理密度。密度过大，则每条线路的货流密度就小，将造成建设资金积压；而密度过小，又会影响物资，特别是分布面广的农业生产资料和产品的运输，不利于生产的发展。由于铁路具有运输能力大、要求一定的吸引地区，不宜于短途运输和工程量大、造价高等特点，因此，更应合理确定密度，既避免无货可运的现象，又使公路运输充分发挥其集散物资的作用。同时，各种运输方式的干支线结合使支线做到充分满足干线集运物资的需要，又有利于干线所辖范围内的地区物资交流。

(3) 正确选择交通线路的方式。在确定了开辟交通线路后，应首先考虑计划线路的经由走向有无可利用的天然河道，其通航能力经过改善提高后适应运输要求的程度如何；如不能满足则应根据客货运量的大小、运输方式的技术经济特征和自然条件的可能，确定兴建铁路、地方铁路或公路。特别是在布置相邻或平行的线路(尤其是干线)时，应充分考虑有否必要，等级如何确定，将来如何分工等问题。

(4) 尽可能减少装卸作业环节，如因自然条件的原因，在不大长的距离布置多种运输方式，往往会造成多次装卸，不仅加大了运费成本，且减慢了运速，不利于长期营运要求。在这种情况下，应尽可能克服线路建设工程的某些困难，采用同一运输方式，减少装卸环节。

(5) 注意解决各种运输方式，特别是陆上交通与水运的矛盾，如陆上交通线与水运河道流向往往有相互穿越现象，这就需要修建交叉工程。在可能条件下，应尽量做到桥梁与航运航闸、灌溉节制闸三者合一，如无法合一，则桥梁建设必须给航运以一定的净高和净跨。

(6) 合理选择和组织交通枢纽的位置和平面布置，做到点线紧密结合。交通枢纽是物资到发、旅客上下、客货中转和技术作业的集中地点，其设备能力(装卸、编解、技术作业等)必须与到此集中的交通线路的通过能力相适应；在水陆联运数量较大和中转业务较多的枢纽应特别注意编组站的位置，为水陆联运一条龙创造条件；而在到发量较大的枢纽则应注意工业站和客运站的位置，其连接工厂、矿山、仓库和市区的公路应适当提高等级。

(7) 注意强有力的短途运输网的配合。短途运输是长途运输的基础，但往往由于运输方式和运输工具的落后，不能充分及时地为长途运输集散物资，为此，要加强短途运输网的建设。

第五节　区域电力系统规划布局

一、区域电力系统的特点、任务和规划内容

电力系统规划是服务于区域工业、农业、交通运输业和城乡人民生活的基础性工程规划。区域规划中的电力系统规划一般是在电力部门已有的专业规划基础上，根据地区经济发展的要求，进一步调查供电现状，研究分析动力资源特点，估算电力负荷和电力平衡，根据动力资源合理利用原则，编制区域电力系统布局。电力工业是区域经济建设的“先行官”，因此，电力系统规划布局必须在生产规模和发展速度上与工农业生产和城乡人民生活水平发展要求相适应，在布局上与国民经济各部门需要相配合。规划布局主要内容是：

1. 确定耗电定额，编制电力负荷

根据区域内国民经济发展要求、各专业发展规划以及城乡人民生活用电的需要确定适合于本地区情况的耗电定额、编制近、远期电力负荷（包括近、远期电力负荷发展水平、负荷构成及其大致分布）。

2. 确定电力工业发展方向、发展水平和电源布局

根据电力负荷，结合区内动力资源分布和蓄藏量，确定电力工业发展方向与水平，拟定电源布局方案，确定电站（新建扩建或改建）大致位置、规模，选择机组和燃料基地。

3. 确定电力网布局

根据区域性电力网分布规划，结合本区域特点及上述制定的电源布局与负荷中心的分布，编制本区电力网规划。包括：确定变电站大致位置，输变电设备容量与区外的变电关系，并论证主要电力网建设的必要性，选择线路等级，确定高压线走向等。

4. 进行近远期的动力平衡，安排工程项目进度，进行不同规划方案的技术经济比较，提出最经济合理的电力系统建设方案

5. 根据需要，对集中供热地区结合电力系统规划

进行近、远期供热规划，计算热负荷，选择热源，确定热电站位置、供应对象和供热范围。

二、区域电力系统现状格局、发展需求和发展条件的分析评价

在区域电力系统规划方案编制之前，首先要对区域现状电力系统格局、电力发展的需求、条件进行全面调查研究与分析评价，作为规划布局方案编制的基础和依据。具体包括以下三个方面的内容：

1. 现状电力系统格局和负荷水平

现状电力系统格局和负荷水平包括：

(1) 现有电力系统的数目、名称及其供电范围，现有线路的电压等级、输电容量和线路长度。分析有无非标准电压电力网改为标准电压电力网的需要与可能。

(2) 现有发电站的数目、性质（如火电站或水电站，火电站是区域电站或地方性电站）、分布地点、机组数目（包括参数及蒸汽规范）装机容量、最大出力、可靠出力、年发电量、所用燃料性质、产地、运输方式、运距及年需要量等。

(3) 变电站（所）数目、位置、输电设备、容量等，并绘制电力系统现状图，显示其分布系统和主要特征。

(4) 有关系统内耗煤率、厂用率和线损率等技术经济指标，分析发电厂和电力运行的经济性。

(5) 本地区各城镇的电力负荷现状水平，工农业用电量及主要耗电企业用电情况，区域负荷主要构成及其大致分布，并绘制负荷图及负荷曲线，分析历年用电增长水平及其因素等。注意分析其中存在的主要问题，并分析其解决的可能性和具体途径。

2. 社会经济各部门发展对电力的需求

社会经济各部门发展对电力的需求包括：

(1) 本地区在规划期间历年负荷增长的指标以及用电指标，包括工业、农业、交通运输及市政、生活用电等，并取得各行业耗能定额，注意大中小企业和不同机械化水平的企业耗电定额(先进平均数)。可将负荷资料编制成统计表与负荷图，在负荷图上表示负荷中心。

(2) 分析电力工业发展计划，包括中央及地方水利、电力部门，各级地方机构以及邻区有关部门有关本区电力工业发展的计划与意图，在建与拟建的电力系统数目、名称、供电范围、线路电压等级、输电容量、线路里程以及建设年限、起竣工日期、造价等，在建及计划建设的水电站位置、距主要耗电中心距离、型式、水力枢纽任务、综合利用效益、调节特性、装机容量、最大出力、可靠出力、总库容、发电库容、淹没损失、年发电量、总投算估算、每千瓦投资估算、电能成本估算、工期，起竣工日期、逐年投入运转机组数量与容量等；火电站位置、距主要耗电中心距离、型式、参数规范、机组数目、装机容量、燃料性质、来源、运输方式、运距及年需要量、综合利用效益、年发电量、工期、起竣工日期、逐年投入运转机组数量、总投资估算、每千瓦投资估算、电能成本估算，是否并入电网运行等。

3. 区域动力资源特点和电力系统发展条件

区域动力资源特点和电力系统发展条件包括：

(1) 动力资源蕴藏量、分布、开发利用可能性及其经济效果的调查了解，包括：煤矿资源储量、质量、分布及开发条件；水力资源蕴藏量、分布、河流水文特征(有关流域规划水力资源及水电建设计划)等；石油资源，蕴藏量、分布、开采条件、运输条件；其他资源如风力、潮汐、沼气、太阳能等的蕴藏量、分布及利用条件等。

(2) 区域动力资源特点分析，包括各种动力资源在全国或地区中的地位、所占比重；在本区域经济发展中的作用与地位，指出其发展方向，如以水电为主还是以火电为主，水、火电的比例关系，各种型式发电设备的比例关系等。

(3) 区域电力工业的特点分析，要求根据区域现有电力工业的情况，分析电力工业的结构与组成、本地区动能资源利用的情况，明确还有哪些动力资源可以进一步开发利用，以及存在的其他一些主要问题，如劣质煤的综合利用，电力并网的可能性，水电站季节电能的利用；大中型电站的分布及其合理结合，水电、火电结合中的问题；发电用煤有否存在不合理远距离运输，等等。

(4) 根据区域国民经济发展对电力工业提出的要求，分析如何进一步充分利用区域动力资源和现有基础，消除薄弱环节，合理安排新建、扩建、改建电力设备工程，真正起到电力先行的作用。

三、区域电力系统布局规划

1. 区域电力负荷编制

电力负荷编制是电力系统规划中第一步工作。因为整个电力系统的建设安排、电力工业发展水平、发展速度都是依赖负荷发展水平和速度确定的。如供电线路截面的大小、采用的电压,以及整个区域电力网的接线,都是受负荷量所决定的,因此,在编制电力系统布局规划方案时,必须首先较精确地计算负荷量。

电力负荷编制以区域内工农业、交通运输业和城镇居民点发展规模为依据(可根据电业部门提供资料),从确定适合于本地区实际情况的耗电定额入手,分以下三类进行测算:

(1) 城市生产和生活用电负荷。首先测算工业用电负荷,其中对大宗用电和主要耗电行业如煤炭、化工、冶金等部门电力负荷发展水平,主要是根据各项工业产品产量指标和单位产品耗电量分项进行测算。与此同时,再按一定的定额测算城市其他生产行业和生活方面的用电。

(2) 区域工业用电负荷。一般区域内县较多,中小型工业也多,可采用简化的综合分析法,即提出一般县级和乡镇工业近远期可能达到的生产水平对用电的要求,采用以点带面,计算全区非城市工业的用电负荷。但对拥有矿产资源开采和工业发展水平较高的县的电力负荷,应酌予提高。

(3) 农村及市郊农林电气化水平负荷。可根据农、林、水利、畜牧、农机等规划发展水平以及近远期农村每户平均用电指标进行测算。

在测算电力负荷水平的基础上编制负荷曲线(亦称过程曲线)图,注意调整和错开最大负荷的同时率,在尽可能不降低生产发展水平的情况下,减少负荷量。同时编制负荷图,表示负荷中心以及划分供电区的远近期负荷发展水平。在区域规划中,供电区的划分一般是根据工农业和城镇居民点的分布,并参考现有电力系统的布局状况,以及区内地形等自然条件加以确定的。因而在负荷图上应表示出城镇、铁路、主要公路干线、现有电力系统和山地、河流等,以便于研究并确定电源变电站和线路的布局。

2. 区域电源开发规划

在测算电力负荷的同时,应根据现有电力工业发展水平、区域内动力资源以及其他建设条件,编制满足电力负荷需要的电源开发方案。

电源开发方案的编制,除应贯彻“水主火辅,水火结合”方针外,还须从地区自然经济特点出发,因地制宜贯彻以下几个原则:

(1) 全面开发,充分利用水、火二次能、风、沼、潮等各种动力资源,特别是要充分利用水力资源。水能资源利用应首先满足农田灌溉和兼顾航运的需要,在此前提下,结合水利工程,建设水电站,大力开发水电,使水、火电站得到更好的配合。在建设供热式或凝汽式火力电站时,应尽量利用当地的低值燃料,避免使用宝贵的高价燃料和远程运输,以降低发电成本。如必须使用高值燃料(如烟煤)时,应采用动力-工艺方法进行热加工(干馏或汽化),对其中副产的液体燃料和气体燃料进行回收,实行资源综合利用。

(2) 贯彻中央与地方同时并举、大中小相结合等方针。除在接近负荷中心和尽量接近大中型的动力资源储地建设大中型电站作为电力系统骨干外,还应广泛开展小型电站的建设,以满足中小型地方工业和农村电气化的需要。其中特别是中小型水电站建设最为经济简便,可以和水利工程结合进行。

(3) 按照“充分利用,积极发展”的原则,充分考虑现有电站扩建的可能性与经济合理性,尽最大可能发挥发电和输变电设备的潜力。同时也根据国民经济发展的需要以及区域资源特点和技术经济条件,积极建设新厂、新站,以满足生产、生活各方面日益增长的需要。

(4) 充分发挥电力系统具有巨大的调节性、经济性、可靠性的特点,尽可能联站(厂)成网,形成统一的电力系统。通过并网,合理安排水火比例,实行互相调节,以满足不同的缓急需要。在一个电力系统中,如有较多的水电站,应实行补偿调节,使各个在具有不同水文特点河流上的水电站,能发挥其设备潜力,提高利用小时,多为国家出力。

根据以上原则,可因地制宜地编制电源开发规划方案。水电站的规划方案,可按建设性质(新、扩、改建)、水电站名称、所在河流及具体位置、距最近工业中心距离(公里)、用途、装机容量和机组数、可靠出力、平水年发电及调节性质、建成日期等项列表编制。火电站建设规划可按建设性质、电站名称、所在地、装机容量(分供热机组和凝气机组)、主要供电对象或供热对象列表编制。

3. *区域电力网布局规划*

电力网是由变电站、所和各种电压的输电线路组成,它是电能的生产者——电厂(站)与电能的消费者——各类电能用户之间的传递者,承担着输送和分配电能的任务。区域电力网规划,就是根据区域系统动力平衡后的情况,按照地区电源开发电站建设、电力负荷和自然地理特点等,合理安排输电线路,确定架空导线(有时用地下电缆)以及电力网布局形式(开式、闭式和综合式三种基本形式),把区内电站和负荷之间组成一个完整的电力系统,充分发挥供电安全、可靠、经济、优质良好的性能,以满足各类负荷对电能的需要。电力网规划主要是一项技术工程规划,具体做法可参考有关专业资料进行。

第六节　区域水资源综合利用规划布局

一、区域水资源的特点、任务和规划内容

水资源是国民经济生产和广大人民生活所不可或缺的最基本的生产生活条件,水资源的综合利用是服务于多部门的基础性的工程规划。水资源特殊的形成条件及利用性质,赋与它以一些突出的基本特点:① 水资源服务对象的多样性,要求正确处理各方面的矛盾,保证各行各业对用水的需要;② 水资源天然季节分配(还有年际的)和地区分布的不平衡性,要求在季节上和地区上平衡矛盾,以适应生产力布局对水资源日益增长和多种多样的需要;③ 水资源的跨流域和跨区性,要求在用水平衡上统筹兼顾上下左右之间的关系;④ 水资源本身也具有一定的多样性,如水体有江、河、湖、海,地上、地下,大、小,多、少之别,这就要求根据资源分布特点,适应不同要求,因地制宜,予以充分合理利用;⑤ 水资源本身还具有亦害亦利的双重性,要求水利规划建设上避害趋利和除害兴利,以达到最好地利用自然、改造自然为生产生活服务的目的。所以,水资源综合利用规划的实质意义就在于平衡矛盾,除害兴利,进行地区平衡,以保证最大限度地满足各部门近、远期对用水的需要。

区域规划中水资源综合利用规划是在工业、农业、交通运输、城镇居民点等部门规划以及水利部门专业规划(如地区水利规划或流域规划)的基础上进行的。由于后者一般对水资源进行过比较全面的规划,区域规划多半是充分利用原有规划资料,通过必要的补充调查与研究分析,使之在规划区域内进一步落实化和具体化。

按照区域规划的一般要求,水资源综合利用规划内容包括以下两个基本方面:

（1）综合利用规划　根据水资源的条件和特点，因地制宜地综合开发利用地区水资源，以保证最充分合理地满足区内工业、农业、航运、发电，城镇等各方面对用水的需要，据以编制区域水资源综合利用规划方案。

（2）水利工程规划　包括主要水利枢纽（如发电站、水库、灌溉渠道等）规划，对主要工程项目及建筑物的位置、渠道线路和灌溉地区等加以确定。

第一项是区域规划的基本内容，第二项多属于水利部门的专业规划性质，与区域规划有关的水利工程规划，可以体现在综合利用规划之中。区域规划中有时还须做区域排水（防洪）规划，应视具体要求而定。而且，一般的区域性区域规划和工业区域主要城镇建设区的区域规划对水资源综合利用规划要求和内容应有所不同，前者主要是在全区域范围内综合平衡水资源以满足多部门的需要，而后者则主要是工业、居民的供水，邻区农业灌溉或城市和农业用地的引水，以及水资源保护和防洪等。在多数情况下，地方水资源的水电建设和运输开发问题多作为附带的问题，只是在不妨碍满足主要用水部门需要的情况下予以解决。

二、区域水资源利用条件、现状格局和发展需求的分析评价

包括对区域现状水资源分布、水利建设设施、工农业生产及城镇用水需要的调查了解，并分析需要与可能之间的实际情况，作为编制规划的基础依据。

（1）区域内河、湖等水系资源蕴藏量、水文特征及其分布情况。可按水系及其分布地点（各城市或工业点）表列其水位、流量、流速、平均含沙量及河道断面等水文要素。

（2）地下水（埋藏深度、储水量、水质等）、水库（等级、水位、容量、经济效益）、自流井等水资源条件及其利用情况。

（3）洪水灾害的分布、危害范围、经济损失及其成因等。

（4）水利工程建设及其经济效益。包括现有、在建及规划的各项水利工程的数量、位置、规模、灌溉或防洪经济效益等。

（5）区域内工业生产及居民生活用水对水量、水质的要求。根据工业生产现状及规划建设项目，了解各城镇、工业点及居民生活需水量，以及某些工矿企业对用水质量（如硬度、温度）的特殊要求，可分别按城市表列近、远期工业、生活用水数量及其中所要求低温水数量（一般是近期）；同时，可查明各城镇、工业点排水量及污水性质，亦可分别按城市表列现状及近、远期工业污水、城市生活污水排放量以及其中各种有毒污水量。

（6）区域内农业用水量及其他用水量。了解现有及近、远期耕地数量，并按水田、旱地不同单位用水指标估算各期水、旱耕地及总耕地用水量；对区域内水、旱灾害情况及农业与工业用水的矛盾等也须作了解。此外，在一个较大的区域范围内，还应了解航运、发电等对用水量一定的要求。

通过以上对区域水资源条件、利用状况及近、远期各用水部门对需水量的调查了解，可进行以下诸方面的基本分析评价：

（1）区域内水资源利用条件　如对区域内经济发展的作用，可利用的水量、水能，其在地区分布上与工农业生产地区的适应程度，对综合利用资源最充分地满足工业、农业生产用水及发电、航运、防洪等水利建设的有利、不利条件，其解决途径、措施、经验，等等。

（2）工业用水的满足程度　根据现状工业以及近、远期规划项目工业用水的需要，分析区域内水资源能否满足各城镇、工业点分期发展所需的用水量，如有不足，其可能解决的途

径及措施如何。

(3) 农业生产用水的满足程度　根据现状农业用水以及近、远期农业规划对用水的需要，水资源能否满足分期发展的需要(农业稳产高产对用水提出更高的要求)，其解决途径和措施如何。

(4) 区域内水、旱、洪灾情况及其防治　分析水、旱、洪灾成因，结合地区特点，因地因时制宜考虑区域内防旱、防洪规划的原则及措施，并配合工业的分布，分析防洪工程措施的必要性及做法。

(5) 区域内动力资源开发的需要与可能　根据区域内水能资源条件和分布特点，结合工农业用电要求，分析动力资源开发的可能性和大致分布地点。

(6) 区域内交通航运条件改善的需要与可能　如区域内为农田灌溉或工业生产用水所开辟的灌溉渠道，可否结合交通运输，改善航运条件。

(7) 各用水部门用水矛盾的解决途径与措施　通过以上各方面的调查了解和分析，如发现地区水量平衡或各部门规划在建设期限上有矛盾时，特别是工业和农业用水的矛盾，应进行研究，为下阶段规划编制提出合理解决的途径和措施。

三、区域水资源综合利用布局规划

1．水资源综合利用布局规划的原则

(1) 全面、充分、合理地综合利用区域内一切可以利用的水资源；

(2) 水资源综合利用应重点保证工、农业生产用水与满足防洪要求，同时考虑动力开发、航运工程的综合效益；

(3) 从水资源各自不同条件和特点出发，结合各部门、各地区用水要求和生产力分布情况，因水、因地制宜地利用水源，满足需要。

2．工业及主要城市、工业点用水规划

(1) 明确工业及城市、工业点用水对水量、水质的要求；

(2) 按取水原则就近取水　在规划工业及城市生活用水时，应根据区域内水资源分布特点，尽量就近取地面水；地面水缺乏或有特殊要求的工业用水(如纺织低温水)，可考虑采用地下水或其他水源，以节省管线及设备费用；

(3) 进行工业及城市需水量与供水量平衡　可分别按城市及工业点表列用水需要量(分工业用水及城市生活用水两项，均列出近、远期，以及其中所需低温水量)及可供水量(水源及可供量)。各城市、工业点工业用水及生活用水量汇总即为区域工业、城市用水总需要量与总供水量(应得到平衡)。

(4) 规划解决用水方案　用水平衡后，对水源缺乏的工业点或城市，应研究提出解决的主要工程措施，并论证其技术上的可行性及经济上的合理性。

3．农业用水规划

(1) 进行农业用水量的计算　根据现有及规划农田发展面积，分别就水田、旱地单位面积需水量计算区域的农业近、远期用水总量；

(2) 确定主要农田水利工程措施　根据农业用水量，结合区域内水资源情况，按水系或按地区确定主要农田水利工程措施，以保证农业生产用水的需要，要同时结合工业用水来加以考虑。

(3) 进行工程投资及其综合经济效益的分析　可按各项工程表列其投资及其综合经济效益,如灌溉、改善航运及发电等。

4. 防洪规划

根据区域内洪水情况(成灾范围、经济损失、成因)提出防洪规划原则和方案,并分析投资与综合效益。

(1) 提出防洪规划原则　根据资料分析,从区域内水灾情况出发,提出规划原则。如对山洪的防治,主要是结合水土保持工程,修建山谷水库,以拦蓄洪水,分散水势;对低洼地区防洪排水工程,主要是蓄泄兼施,上下游兼顾,开挖排水沟等防治措施。

(2) 研究提出防洪工程措施规划方案　据上述原则,提出主要防治及灌溉、发电、开辟渠道等综合工程。通过分析论证,确定近、远期工程方案。

(3) 进行投资与效益估算　可按各项工程分别计算其在解决受淹面积、灌溉农田、改善航道、发电量等方面的效益以及投资数量。

5. 主要发电工程与开辟航运渠道规划

(1) 论证区域内水电站开发技术上可能性与经济上的合理性。根据水资源综合利用规划,结合区域内工、农业用电要求和水利资源条件可能,提出可能开发的动力,并根据动力专业规划所提出的问题分析确定综合规划方案,可按各电站表列装机容量、保证出力、淹没损失以及投资数。

(2) 论证航运渠道的开辟对改善区域交通运输的作用。结合农田灌溉或工业生产用水所开辟的渠道论证对改善航运交通的经济效益,并结合交通运输专业规划所提出的问题,确定综合规划方案。可表列航线名称、起讫地点、长度,主要运输物资等,以分析其经济效益。

6. 工业及城市排水规划

(1) 按区域内工业及城市污染量及其性质进行分类　根据工业规划的工业建设项目及各城市应排出的污水量,按其性质进行分类,分别规划。

(2) 确定排水规划原则　工业及城市排水规划应与农田灌溉相结合,在选择灌溉地区时,应结合灌溉工程投资进行分析,选择最经济的方案,一般就近灌溉,以节省工程投资费用。对有害的工业废水,须经处理后才可排入水体,应贯彻“变有害为无害,充分利用”的方针,及采取“就地回收,因地制宜,适当处理,充分利用”的原则。工业废水的处理和利用,是一个牵涉到工业、农业、城市建设、环保卫生、水产等多部门的工作,在规划中应综合研究废水性质、排水系统和有关农田灌溉问题。

(3) 编制排水规划　根据区域内工业及城市污水情况(总量及性质),按照规划处理原则,研究确定处理方法、处理构筑物位置和灌溉农田处所以及布置排水管网规划等。在此基础上,可估算工程投资及其经济效益。

本章提要:

本章首先介绍了区域规划的概念、性质和任务,区域规划的编制依据和编制的基本原则,区域规划的各种类型,提出区域规划编制的主要内容要求,对国内外区域规划的发展历史及趋势进行了总结。本章还对区域规划中工业、农业、交通运输、电力和水资源等主要产业和行业规划布局的内容进行了深入的阐述。

参考文献

1. B·B·弗拉基米罗夫主编．苏联区域规划设计手册．北京:科学出版社,1991 年
2. 重庆建筑工程学院,同济大学合编．区域规划概论．北京:中国建筑工业出版社,1984 年
3. 宋家泰．城市—区域及其调查研究方法．地理学报,第 36 卷第 4 期．北京:科学出版社,1980 年
4. 郑弘毅,徐汉云主编．江阴市域规划及其专题研究．北京:科学出版社,1993 年
5. 中国科学院地理研究所主编．城镇工业布局的区域研究．北京:科学出版社,1986 年

第四章　区域城镇体系规划

地球上人类聚居与人类经济活动最集中的莫过于星罗棋布、规模不等、级别各异的各级城镇了。城镇是一种客观存在的特有的物质实体。从空间意义而言，城镇在地域中占有一定的位置，具有一定的形态特征；从数量意义而言，城镇具有不同的人口与用地规模及其城市活动强度；从职能意义而言，城镇在运行过程中，由于其功能的发挥，而与其周围地域产生广泛而深刻的社会、经济联系与影响作用。城镇既是社会经济发展到一定水平和一定阶段的产物，其发展水平受地域社会、经济发展水平的影响和制约；又是地域的政治、经济、文化和管理中心，对地域的经济、科技、社会及综合发展起推动和促进作用。在人类历史发展过程中，城镇（市）中心作用发挥如何，对国家及地域的综合发展水平及发展速度的影响至关重要。区域城镇体系规划是区域规划的重要组成部分，区域规划所包含的各方面的专业规划最终只有在城镇及其聚合体（城镇体系）上才有可能落实下来，并得到综合解决。

第一节　城镇体系概况

一、城镇体系的概念、特征

1. 城镇体系的概念

地表上的任何一个城市都不可能孤立地存在。这是因为，城市既是物质的生产者，又是物质的消耗者。城市活动的主要部分即是物质的生产与消耗的过程。为了维持城市正常的活动，城市与城市间、城市与外部区域间总是在不断地进行着物质、能量、人员、信息的交换与相互作用。正是这种相互作用，才把地表上彼此分离的城市（镇）结合为具有一定结构和功能的有机整体，即城镇体系（city system）。

城镇体系作为一个较完整的科学新概念，在国外出现于本世纪 60 年代初期，产生于城市地理学和一般系统论的有机结合。体系（system）的本质含义，是指“部分组成的整体”或“有组织的和被组织化的全体”、“以规划的相互作用又相互依存的形式结合着的对象的集合”。因此，作为一定地域范围内的城镇体系实质上是一个国家或地区一系列规模不等、职能各异、相互联系、相互制约、相互依存的城镇有机整体，简言之，是一定空间区域内具有内在联系的城镇集合。

城镇体系并不是与城市同时产生的，它是在区域内的诸城市发展到一定阶段的产物。城镇体系的构成一般需具备以下条件：

(1) 城镇群体内部各城镇在地域上是邻近的，具有便捷的空间联系；

(2) 城镇群体内部各城镇均具有自己的功能和形态特征；

(3) 城镇群体内部各城镇从大到小，从主到次，从中心到一般集镇，共同构成整个系统内的等级序列，而系统本身又是从属于一个更大系统的组成部分。

2. 城镇体系的特征

城镇体系从系统角度而言与任何其他系统一样，具有群体性、关联性、层次性、开放性、动态性和整体性。

(1) 群体性　所谓城镇体系的群体性是指城镇体系是由一群或一组城镇共同构成的整体，一个或少数几个城镇是无法构成城镇体系的，只有一定数量以上(视城镇体系规模大小及其所处区域实际情况而定)的城镇聚集在一个地域之内才能组合而成一个城镇体系。城镇体系因具有群体性特征，才使其具有差异性、多样性，这正是一个群体能够存在而必然会具有的特性。差异产生多样，两者又使群体中每一部分担负的职能与作用各不相同，从而带来分工；群体要能协调运转，发挥功能，合理分工是基础要求之一。

(2) 关联性　城镇体系关联性特征主要是指城镇体系内各城镇在经济、文化、社会生活等各方面相互依赖，互为依存，彼此之间具有不可分割的关系。其次，城镇体系的存在与发展是与其外部地域环境分不开的。作为城镇体系发展基础的外部地域环境既可能影响城镇体系内单个城镇的发展，也可能影响整个城镇体系的发展。城镇体系的关联性具有不同强度及方式之差别，如同类型城镇之间的关联强度与不同类型城镇之间关联强度将有所不同；规模级别相近与相差悬殊的城镇之间关联强度也不会相同；同样，关联方式也视各种情况出现种种差异。

(3) 层次性　城镇体系的层次性特征是指组成城镇体系的各个城镇在规模级别、功能大小、作用强弱等方面呈现出由小到大、由简单到复杂的组织特征。它主要反映了城镇体系的纵向结构关系。城镇体系的层次性特征可以说明城镇体系内各个城镇的地位及作用差异之原因。一般而言，规模较大、级别较高的城镇所起的作用较强，所处的地位较重要，因而在城镇体系中处于较高的层次；而规模较小、级别较低的城镇则相应在城镇体系中居较低层次。可以发现，城镇体系中处于较高层次的城镇数量较少，处于较低层次的城镇则数量较多。城镇体系的层次性特征既是城镇体系实现城镇间分工合作的基础，也是形成城镇体系规模等级的基础；同时由于城镇职能类型的丰富性相当程度上受其规模级别的影响，所以城镇体系的层次性特征也在一定程度上决定了城镇的职能类型。

(4) 开放性　城镇体系的开放性特征是指城镇体系本身及其所有城镇在其发挥功能作用正常运行的过程中，与外界环境产生密切的相互作用，呈现出不同程度的扩散特征。城镇体系的开放性有两个层次，其一是城镇体系内部各城镇的开放行为，其二是城镇体系作为一个整体对其外部地域环境的开放行为。城镇体系的开放性可从开放程度与开放方式两方面认识。开放程度反映了城镇体系向外界开放及与外界相互依存的程度；开放方式则是城镇体系向外界开放的具体行为特点。具体表现为社会系统与自然环境的交流和社会系统与社会环境的交流，其中前者以城镇体系在运行发展过程中对自然资源的开发利用及排出废物为特征，后者以城镇体系与地域外社会环境之间的物质、能量、信息的交换为特征。

(5) 动态性　城镇体系的动态性特征是指城镇体系的状态不是静止不变的，而是随着城镇体系内外部因素及时间因素产生种种变化。其动态性特征有两层含义，一是指城镇体系内部各个城镇的规模、地位与作用的大小因种种因素的影响随时产生消长进退的变化；二是指城镇体系的整体状况和整体作用，也呈现出不断变化的动态特征。一般情况下城镇体系的动态性可以其各组成部分在一定时间段内数量、质量及状态变化的指标来反映，称为纵向动态比较；也可以某个城镇体系与其他城镇体系或外部区域相比较参照下的变化情况及幅度的指标来反映,称为横向动态比较。

(6) 整体性　城镇体系的整体性特征是指城镇体系内的所有城镇共同担负着区域社会经济运行和区域发展的任务,并在这一方面达到了统一。虽然城镇体系中各城镇在规模、职能等方面各不相同,空间位置也彼此独立,但它们却具有逻辑上的统一性,因而构成为一个有机整体。从功能角度而言,城镇体系各组成部分皆有各自的功能,它们的总和构成了城镇体系的整体功能。城镇体系整体功能的大小,一方面取决于各个城镇发挥功能作用的程度,另一方面也是由城镇体系整体性大小决定的。此外,城镇体系的整体性相当程度上受城镇体系结构的协调程度影响和制约,又通过城镇体系的职能类型结构、规模等级结构、空间分布结构以及网络联系结构得到落实和体现。

二、城镇体系发展的影响因素及机制

1. 城镇体系发展影响因素

城镇体系发展影响因素可从宏观与微观、结构与功能、物质与非物质、自为与人为等方面来认识。城镇体系发展的宏观影响因素(亦可称外部因素)指国家或区域的发展状况,是城镇体系赖以生存、据以发展的外部环境;微观因素(亦称内部因素)指城镇体系中单个城镇的基本条件和发展条件以及其他节点性问题(交通枢纽、大型工程及关键性的基础设施等)对城镇体系发展的影响;结构因素指城镇体系因在职能结构、规模等级结构、空间布局结构、网络结构方面所表现出来的不同特征而对城镇体系形成、发展所起的不同作用;功能因素指城镇体系在运行过程中,因其功能发挥程度的差异而对城镇体系整体状态带来的不同的影响;影响城镇体系发展的物质性因素指城镇体系所处区域的自然地理条件、交通条件、人口分布、工业和农业发展、原有生产力布局的基础和科技发展水平等;非物质性因素指文化、社会心理、习俗、政策等;自为因素指城镇体系形成之后的自身发展;人为因素指人们对城镇体系的人为控制行为、管理、行政区划等。

(1) 农业与城镇体系发展

农业是社会生存和发展的基础,也是一个国家或地区城镇体系赖以存在和发展的物质基础。建国以来,我国农业生产的丰欠对城镇的发展影响很大。在粮食丰收的年份,一般来说城镇人口增长较快,如 1949 ~ 1957 年粮食产量年增长幅度为 6.8%,这期间城镇人口年平均增长也为 6.8%;1957 ~ 1977 年粮食年均增长只有 1.9%,城镇人口年均增长为 0.7%;1978 ~ 1985 年我国粮食年均增长率又达 4.9%,同期城镇人口年均增长也达 4.9%。不难看出,我国城镇人口与粮食产量增长具有直接的相关关系。

农业的不断发展,一方面为城市提供了足够的商品粮、农副产品和工业原料,使得城镇的发展有了足够的"能量";另一方面因农业生产率提高而产生农村剩余劳动力,这些人口相当部分将转变成城镇人口。这两个因素的合力使得城镇化水平有可能不断得以提高,城镇体系不断得到发展。

(2) 工业化与城镇体系发展

工业化导致了人口向城市的集聚,成为城镇体系发展的至关重要的激发因素。世界人口统计资料表明,一个国家或地区城镇人口占总人口比重,与城镇工业部门职工占总职工数(即国家经济各行业社会劳动者)的比重是密切相关的。工业职工比重与城镇人口比重的比率一般在 40% ~ 60%之间。根据我国 1952 ~ 1985 年资料分析,全国工业职工比重与城镇人口比重具有相关关系,相关系数值为 0.88456。工业职工比重每增长 1%,城镇人口比重约增长 2%左右,其比率为 54.86%。很明显,工业化程度愈高,城镇体系愈发达;反之亦然。

(3) 经济增长与城镇体系发展

一个国家的城镇及城镇体系的发展是以其经济水平为"后盾"的。早在 1962 年,美国地理学家贝利指出:"一个国家的经济发展水平与该国的城市化程度之间存在某种联系"。1970 年世界银行曾对世界各国按人均国民生产总值分组,统计了不同国家组的城市化水平,得出了人均国民生产总值与城镇化呈正相关的结论(表 4-1)。

表 4-1　　世界银行 1970 年调查的人均国民生产总值与城镇人口比重关系表

人均国民生产总值(美元/人)	城镇人口占总人口比重(%)	第一产业(%)	第二产业(%)	第三产业(%)
100 以下	9.6	79	4.9	16.1
101 ~ 200	19.9	66.3	7.7	26.0
201 ~ 375	38.3	54	12.4	33.6
376 ~ 1 000	50.5	38.1	23.1	38.8
1 000 以上	69.6	11.7	37.4	50.9
中国(1985 年)	36.6	62.5	21.1	16.37

我国学者通过对我国人均国民收入与城镇化水平的对应关系和城镇人口占总人口比重与人均工农业总产值之间关系的分析,也发现城镇化水平与经济发展水平之间具有很大的一致性。经济发展水平越高,城镇化水平提高越快;反之亦然。

(4) 人口控制与城镇体系发展

就一个国家而言,城镇人口与总人口是部分与总体的关系,总人口自然增长率的大小对城镇化水平的提高至关重要。第一,总人口自然增长率越高,总人口绝对量增加越多,在我国现行城镇化水平较低状况下,必然使城镇人口占总人口比重下降;第二,我国乡村人口自然增长率高,加大了乡村人口的比重,据统计资料,1949 ~ 1963 年城市人口自然增长率大于农村人口自然增长率,其比率为 26.4‰:16.2‰;1964 ~ 1985 年城市人口自然增长率普遍小于农村人口自然增长率,其比率约为 11.9‰:17.7‰。估计今后的几十年内,农村人口自然增长率仍将高于城市人口自然增长率。大体说来,我国总人口增长与城镇人口占总人口比重呈反相关,自然增长率越低,城镇人口占总人口比重提高相对越快。

2. 城镇体系发展机制

和一切事物一样,城镇体系有其发生、发展的内在规律及发展机制。现代意义的城镇主要是一定规模的非农业人口的聚集中心,是非农业人口从事第二、第三产业的场所;同时,就城镇与其外部地域的关系而言,城镇又是区域经济社会发展的枢纽和中心点。城镇以其优越的经济、科技、社会和文化等活动条件及活动能力确立其作为一定区域范围内中心的地位。同时,它又通过自身各项优越条件对城镇体系及区域的全面发展起着种种作用。城镇体系在其形成、发展的全过程中,集聚与辐射作用无不发挥着本质、关键的功能,并成为城镇体系发展变化的机制所在(图 4-1)。

城镇不仅是人类物质文明和精神文明的中心,更主要的是财富创造的中心。随着财富

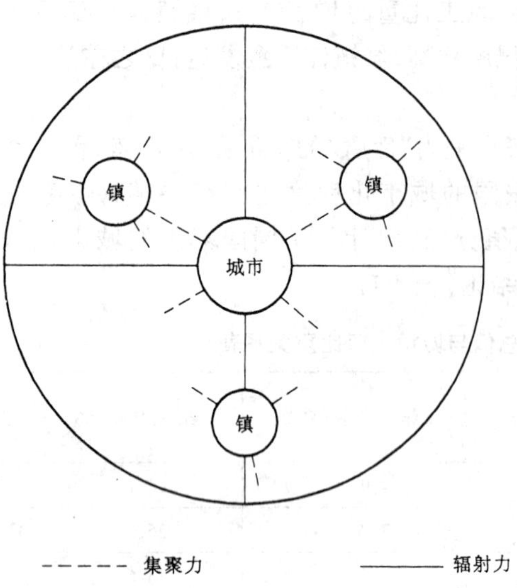

图 4-1　城镇体系的发展机制：集聚与辐射

创造活动的开展，一方面产生了以社会劳动分工为基础的工农差别和以地域分工为特点的城乡差别，工业的发展与居民生活水平的提高导致了服务行业的兴起与增加，劳动力贮备与工作地点的重心也就自然而然地由周围农村移往城镇，从而加大了城市的吸引力，导致了工业人口的进一步向其集聚，产生了"城市向心增长(集聚)"；另一方面，商品销售与城乡交换也日益发展，而作为传输媒介的交通网络及其他网络也必然从中心城市向广大周围地区不断伸展。同时，为了减少商品的运价，获得最低的生产成本，以及随着城市腹地的扩展，城市企业一般都趋向外围扩散，从而形成新的工业中心以至经济中心，导致人口在新中心的逐步集聚，相对于原来中心，呈现出"城市离心增长(辐射)"。向心与离心、集聚与辐射是城市——区域在一定条件下不断向前推进发展的主要形式与过程。

城市与区域这种集聚与辐射的动态发展在一定的区域经济条件下，将逐步形成带有层次性的城镇群体。城镇群体内的核心城市，它一方面拥有很大的吸引力，但同时也由于其本身环境容量的局限性以及区域经济均衡发展的要求，势必出现对其发展规模进行合理控制，即有计划地实行城市内部的向外疏散以及整个城镇体系的广域扩展。在技术进步、生产工艺自动化、运输工具现代化的条件下，这种扩散过程是完全必要和可能的。由此可见，城镇体系内城镇之间的集聚和辐射是一个对立统一体。为了使城镇体系得到健康稳定持续的发展，有必要对其未来发展作出合理科学的调控，这即是城镇体系规划，其目的在于协调城镇体系发展中集聚与辐射力之间的关系，以求得城市与区域的同步发展和区域经济、社会、环境效益的统一。

第二节　城镇体系发展条件分析

一、城镇体系发展的现状分析

1. 城镇体系发展的历史过程

研究地域城镇的历史发展过程、地域内各城镇的形成、发展的影响因素以及地域城镇发展、演变的规律，旨在从纵向时间系列上观察区域城镇形成发展的主导因素，以及这种主导因素在现阶段和今后发展中能否继续发生影响，这种规律能否继续起作用，原因何在，怎样起作用和怎样有意识地利用这种规律等，从而可为地域城镇今后的发展提供历史依据。

城镇体系发展的历史过程分析内容主要包括：

(1) 地域城镇产生、形成、发展的历史基础；

(2) 地域城镇的历史发展过程；

(3) 地域城镇形成发展因素及其特点；

(4) 地域城镇体系发展战略的历史依据等。

如徐州市域城镇体系发展的历史过程中泗水、汴水等河流作为我国古代西部政治文化中心与东西部经济中心的交通要道,其交通运输条件及由此引起的军事地位是区域城镇形成发展的主导因素。从春秋战国直至清末,市域城镇发展与交通运输休戚与共,城镇皆是沿泗水分布,再逐渐向两边扩散。直到近代,贾汪煤炭得到开发,津浦和陇海铁路通车,市域城镇发展的主导因素中加入了矿产资源开发因素,交通因素对城镇的影响有所增强,城镇仍沿主要交通干线分布。

2. 城镇体系发展的现状分析

城镇体系发展的现状分析应包括城镇体系现状特点的提炼和反映以及城镇体系现状存在问题的剖析。具体而言,应包括城镇体系的现状概况、人口发展分析、城镇化发展水平分析、区域综合发展水平评价、城镇职能类型分析、城镇规模等级分析和城镇空间分布分析等。

(1) 城镇体系现状概况

城镇体系现状概况是城镇体系现状分析的基础,一般应包括自然地理位置、距周围重要城镇或区域的距离、面积、人口(含总人口、非农业人口、城镇人口等)、人口密度、人口分区、社会经济发展、交通、能源、文化民俗、行政分区和地形地貌等。

(2) 人口发展分析

人口发展分析是城镇体系现状分析的一个重要组成部分,其目的是了解城镇体系人口发展的历史过程和现状特征,为城镇体系的人口规划提供依据。其内容一般包括人口规模分析、人口分布分析、人口结构分析及人口发展的特点分析等。

人口规模分析主要是调查收集城镇体系内各类人口资料,包含总人口、非农业人口、农业人口、城镇人口、社会劳动力(农村与城镇)等,计算一定年限内各自的增长率(含自然增长率、机械增长率),计算各类人口占总人口的比重和历年变化情况,并依据这些信息综合分析。

人口分布分析主要是对城镇体系范围内各类人口的空间聚集状态特征的研究,包括人口聚集的区域、人口聚集的程度以及影响人口聚集的因素等。人口分布与土地资源分布密切相关,又与地区社会经济发达程度和地区产业结构有关。

人口结构分析是从劳动力结构、年龄结构、性别结构、文化结构等方面对区域人口特征的描述和反映。劳动力人口结构主要指城镇体系内从事第一、第二和第三产业的劳动力比重;年龄结构主要反映城镇体系人口在年龄分布及比重上的特征(男、女),它同地区社会经济的发展有着密切的关系,并影响着各年龄段人口的社会需求及其变化;性别结构分析主要是了解城镇体系内各人口与各年龄段的性别比是否存在问题及今后人口发展的总体结构;人口的文化结构反映了地域文化传统的特征,一般以城镇体系内各种文化程度人口的百分比来表示。

人口发展特点分析是通过对城镇体系人口规模、人口分布、人口结构的全面研究,结合纵向、横向的比较,归纳出的综合性意见。它反映了地域人口发展的关键性问题。

(3) 城镇化发展水平分析

我国以往一般以非农业人口占城镇体系范围内总人口的比重作为城镇化计算标准。但由于实际上城镇中有相当一部分农业人口从事非农业劳动,享受着城镇一切设施,因此非农业人口比重不能准确完整地反映城镇化的实际水平,故现在通常以区域内城镇驻地人口(包

括城镇建设用地范围内的城镇非农业人口、自理口粮人口和农业人口)占区域总人口比重反映城镇化水平。即

$$城镇化水平 = \frac{城镇驻地人口}{区域总人口} \times 100\%$$

城镇化发展阶段是体现城镇化发展水平的一个重要标志。世界各国城市化过程所经历的轨迹表明,城市化发展过程可分为初期、中期、后期三个阶段:

初期阶段(城镇人口占总人口比重在30%以下)。这一 阶段农村人口占绝对优势,工农业生产力水平较低,工业提供的就业机会有限,农业剩余劳动力释放缓慢。因此要经过几十年甚至上百年的时间,城镇人口比重才能提高到30%。

中期阶段(城镇人口占总人口比重在30%~70%之间)。这一阶段由于工业基础已比较雄厚,经济实力明显增强,农业劳动生产率大大提高,工业吸收大批农业人口,城镇人口比重可在短短的几十年内突破50%而上升到70%。

后期阶段(城镇人口占总人口比重在70%~90%之间)。这一阶段农村人口的相对数量和绝对数量已经不大。为了保持社会必需的农业规模,农村人口的转化趋于停止,最后相对稳定在10%以下,城镇人口比重则相对稳定在90%以上的饱和状态。后期的城市化不再主要表现为变农村人口为城镇人口的过程,而是城镇人口内部职业构成由第二产业向第三产业转移。

(4) 城镇体系职能类型分析

城镇体系内各城镇职能的有机组合,共同构成具有特色的地域综合体。这种体系内各城镇职能的有机组合,称之为城镇体系的职能组合(类型)结构。城镇体系职能类型结构分析包括城镇基本职能类型结构分析和城镇职能组合系统分析两个方面。

城镇基本职能类型结构分析即按研究者对城镇职能的理解,分为外部职能、内部职能,城镇外部职能又可分为一般职能和特殊职能;也有的把城镇职能分为基本职能和非基本职能两类。有学者将我国城镇按其基本职能划分为如下类型(见表4-2)。

表4-2　　我国城镇基本职能类型表

地域主导作用	城镇基本职能	
	类	型
1. 以行政职能为主的综合性城市	行政中心城市	全国性中心城市
		区域性中心城市
		地方性中心城市
2. 以交通职能为主的城市	综合交通枢纽城市	水陆运输枢纽城市
		陆运枢纽城市
	部门交通性城市	铁路枢纽城市
		港口城市
		公路枢纽城市

续表

地域主导作用	城镇基本职能	
	类	型
3. 以经济职能为主的城市	矿业城市	煤矿城市
		石油工业城市
		有色金属矿业城市
		非金属矿业城市[①]
	工业城市	钢铁工业城市
		电力工业城市
		化学工业城市
		建材工业城市
		机械(含电子)工业城市
		食品工业城市 纺织工业城市
		林业城市
		轻工业城市
4. 以流通职能为主的城市	贸易中心城市	地方贸易中心城市
		对外贸易中心城市
		边境口岸城市
5. 以文化职能为主的城市	旅游城市 科学城 其他城市	(略)

注:① 非金属矿业城市不包括煤矿城市和石油城市。

城镇职能组合系统分析即根据现代城镇体系中的城镇职能特征,划分为两种组合方式,其一是自上而下,覆盖全国的多种城镇职能的系统;其二是以地域资源开发和生产协作为基础形成的块状城镇职能组合结构。从全国范围而言,城镇职能体系一般分为以下几种类型:

① 政治中心体系

A. 首都——全国的政治、文化中心

B. 省会城市——省区首位城市及政治、文化中心

C. 地区中心——地方政治、经济、文化中心

D. 县级市和县城

② 交通中心城市体系

A. 铁路枢纽城市体系

B. 港口城市(镇)体系

a. 海港城市(镇)

b. 河港城市(镇)

C. 公路枢纽城市(镇)体系

③ 矿工业(包括农副产品加工)城市体系

A. 能源工业城市体系

a. 煤炭工业城市

b. 石油开采城市

B. 原材料及重加工工业城市体系

a. 原材料工业城市

b. 机械工业城市

c. 化学工业城市

C. 轻加工工业城市体系

a. 纺织工业城市

b. 食品工业城市

c. 轻工业城市

d. 林业城市

④ 旅游中心体系

(5) 城镇规模等级结构分析

城镇体系的规模等级结构是指体系内层次不同、规模不等的城镇在质和量方面的组合形式与特征。城镇规模等级分析的目的是描述和揭示体系内城镇在数量、等级、规模方面的特征,为规划调整提供依据。

从层次角度而言,我国城镇体系可分为五级,即首都—省会—地区中心或省辖市—县或县级市—建制镇。

从规模角度而言,城镇等级以城镇人口的多少为主要依据。我国城镇等级规模系列可分为四个等级:全国性中心城市(100~300万以上),区域性中心城市(20~100万),地方性中心城市(3~20万),小城镇(0.2~3万)。

城镇体系的层次系列与规模系列具有内在的对应性,一般而言,层次愈高,规模愈大,数量愈少;层次愈低,规模愈小,数量愈多(表4-3)。

(6) 城镇空间分布结构分析

城镇空间分布是指城镇体系内各个城镇在空间的位置、联系及其组合状态。城镇空间分布与区域内自然资源、交通条件、社会经济发展水平以及人口集聚程度等因素密切相关。分析城镇空间分布的目的是反映城镇体系内城镇的空间位置、形态及其相互关系的特征,为城镇空间布局规划提供依据。

从分析方法而言,城镇空间分布分析可以从城镇分布密度、联结形式、城镇群形态特征三个方面进行。

城镇分布密度是反映不同面积的空间地域单元之内城镇数量的指标;城镇联结形式则反映城镇体系内城镇之间相互空间位置关系特征及类型;城镇群形态特征从城镇体系城镇空间分布角度而言,是指城镇群之中的城镇数量、核心城市多寡及城镇群总体外在组合形态特征等。有的学者研究认为:我国城镇群地域空间结构类型及城镇群形态可分为块状城市集聚区、条状城市集聚区和以大城市为核心的城市群等三种基本类型。

块状城市集聚区的城市群体分布地域范围较广,由若干个大、中城市共同组成城市群体的核心,是我国城镇群空间形式发展的高级形式。我国沿海和沿江地区由于拥有多方面的地理优势和经济基础,始终是我国城市分布最密集的地区,也是块状城市集聚区形成、发展

表 4-3　　我国城镇层次系统与等级规模系列关系对照表(1985 年)

等级规模系列＼层次系统		首都		省会城市		地区城市		县级城市及县城				建制镇	
		城市数	%	城市数	%	城市数	%	城市数	%	县城	%	镇数	%
全国性中心城市	300 万以上	1	100.0	4	12.0								
	100～300 万			14	45.2	6	2.5						
区域性中心城市	50～100 万			10	32.3	23	9.5						
	20～50 万			2	6.5	88	36.2	12	16.0				
地方性中心城市	10～20 万					82	33.7	32	42.7	21	1.09	2	0.05
	5～10 万			1	3.1	38	15.6	20	26.7	218	11.34	173	4.02
	3～5 万					5	2.1	4	5.3	467	24.3	555	12.92
小城镇	1～3 万					1	0.4	4	5.3	1010	52.6	2049	47.71
	0.5～1 万							2	2.7	160	8.32	783	18.23
	0.2～0.5 万							1	1.3	45	2.34	614	14.29
	0.2 万以下											118	2.74
合计		1	100.0	31	100.0	241	100.0	75	100.0	1921	100.0	4294	100.0

说明:(1) 台湾省县城及建制镇未列入;

(2) 大陆建制镇中有 612 个市辖镇、497 个县辖镇缺人口统计资料,故未列入;

(3) 城市按非农业人口统计,城镇按总人口统计。

的主要区域。

条状城市密集区的城镇群体所组成的城市数量一般不多，大多以一个主要城市为核心，已基本形成块状城市集聚区框架，但城市群的轴线仍在形成、发展之中。这一类型多见于现代交通沿线地区。

以大城市为核心的城市群体分布是以一个特大城市或大城市为中心，结合其周围若干个中、小城市（镇），共同形成的初级城市群体地域空间结构类型。这一类型多见于地域经济发展还比较薄弱的地区，城市群体作为区域经济开发的极核刚刚形成。

二、城镇体系发展条件分析

1. 城镇体系区域发展条件

城镇体系的区域发展条件是城镇体系赖以发展的基础，是城镇体系形成及发展的初始条件，对城镇的发展有着重大的影响。城镇体系区域发展条件分析的目的首先是明确城镇体系在区域中的发展水平，明了其所处的地位与作用；其次是明确城镇体系今后发展的有利条件与不利因素，使得城镇体系今后的发展可以扬长避短，有的放矢。具体而言，一般城镇体系区域发展条件分析包括：① 地理位置条件分析；② 区域自然条件分析；③ 区域自然资源储量与利用分析；④ 区域运输系统及容量分析；⑤ 土地利用及水资源分配分析；⑥ 区域经济结构与发展分析；⑦ 区域人口构成与增长分析；⑧ 区域经济、技术条件、基础设施分析；⑨ 区域环境质量分析等。

在进行具体的城镇体系区域发展条件分析时，则可采用区域综合发展水平分析和区域发展优劣势分析的方法。前者采用定性定量相结合、单因子复合因子相结合的方法，利用横向纵向比较手段，通过城镇体系的经济、科技、社会发展水平来反映城镇体系区域综合发展水平。后者则主要采取定性分析，找出城镇体系发展的有利与不利因素，以期发挥优势，转化劣势，使城镇体系的规划有的放矢。

2. 城镇发展建设条件分析

城镇发展建设条件包括：

（1）城镇自然条件（主要指影响城镇发展的气象、地形与用地条件、水文及工程地质条件等）；

（2）城镇资源开发与工业布局条件；

（3）城镇交通运输与区位条件；

（4）城镇水源、能源条件；

（5）城镇旅游发展条件；

（6）城镇社会经济基础条件；

（7）城镇地区农业发展条件；

（8）城镇基础设施与投资环境条件；

（9）城镇科技实力；

（10）城镇生态环境条件。

城镇体系中每个城镇的建设条件的差异，便形成了城镇在不同的产业发展上各自不同的优势与劣势，从而使城镇具有不同的产业选择和发展方向选择，又因其优势的强弱而具有不同的发展前景。城镇发展建设条件分析的目的是搞清楚城镇体系内每个城镇具备什么条件，适宜发展什么，不适宜发展什么，发展潜力有多大，城镇发展建设条件的分析是正确确定城镇发展方向和前景的依据和基础。城镇的发展规模、职能分工和空间布局也要依据这些分析结果，再结合社会经济的实际发展来确定。

第三节　城镇体系规划基本内容

一、城镇体系规划基本概念

城镇体系规划是在一定地域范围内，妥善处理各城镇之间、单个或数个城镇与城镇群体之间以及群体与外部环境之间关系，以达到地域经济、社会、环境效益最佳的发展总目标而进行的规划。具体说，城镇体系规划是根据地域分工的原则，根据工业、农业和交通运输及文化科技等事业的发展需要，在分析各城镇的历史沿革、现状条件的基础上，明确各城镇在区域城镇体系中的地位和分工协作关系，确定其城镇的性质、类型、级别和发展方向，使区域内各城镇形成一个既明确分工、又有机联系的大、中、小相结合协调发展的有机结构。

城镇体系规划的主要目标一方面是合理地解决体系内部各要素之间的相互联系及相互关系，另一方面是协调体系与外部环境之间的关系。其次，城镇体系规划还致力于体系整体最佳效益的追求，而并非偏于体系本身或某一方面的局部利益。另外，具有现代科学意义的城镇体系规划还寻求体系的长期、稳定、持续发展，而并非局限于一个短时期的发展过程。

二、城镇体系规划的目标、原则与指导思想

1. 城镇体系规划目标

城镇体系的规划目标与城镇体系所在区域的发展总目标有密切的关系，区域综合发展的一般总目标是借助于投资形式及其位置分配，充分利用现有资源达到最大限度地改善人们的生活福利。城镇体系是区域的一个组成部分，城镇体系规划应从区域发展目标出发，建构一个产生最大综合效益的城镇体系结构（含空间结构、规模结构、职能结构、网络结构），为实现区域发展总目标服务。

2. 城镇体系规划原则与指导思想

城镇体系规划原则与规划指导思想是为实现城镇体系规划目标而进行的高层次的“规划立意”，它与城镇体系规划目标具有一定的联系。一般确定城镇体系规划原则与指导思想要考虑如下几个方面：

(1) 与国家一定时期内的路线、方针和社会经济发展战略相适应；

(2) 与区域国民经济总体发展重点、速度、目标相协调；

(3) 考虑城镇体系发展的历史背景、自然条件和社会经济状况的影响；

(4) 与城镇体系规划目标相适应。

三、城镇化水平预测

1. 城市化发展机制分析

就总体而言，城镇化的发展机制具有共性，即城镇化与城市工业经济发展对农村人口的吸引力（拉力）以及农村劳动力过剩、耕地减少，导致大量农村剩余人口流入城市，从而对城镇起推动作用（推力）有密切关系。同时，城镇化也与国家及区域的国民经济发展水平（实

力、速度、效益)以及非经济因素如政治、人口、社会、科技、政策等密切相关。就微观而言,每个区域城镇化的发展机制又具有个性,这些个性是促使城镇化发展的基本因素,有必要予以明确的认识。

城镇化水平在一定程度上反映了一个国家经济发展的水平。但城镇化并不等于现代化,更不是发达的唯一的象征,某些第三世界国家的盲目城市化和城市人口增长失控带来了国家经济的贫困化的现象就是一个证明。可见,城镇化发展的速度和水平,受到一定因素的影响和制约,其中粮食和就业是两个关键因素。

(1) 粮食因素

每一个乡村人口转变为城市人口,就必须相应多供应一份商品粮。根据世界银行的报告分析,我国将来耕地面积增加的可能性很小,其关键在很大程度上取决于开垦的农田能否抵补用于非农业活动的土地数量。我国是世界上人口最多的国家,粮食生产和城镇人口口粮问题,应立足于国内现有耕地、草原面积的基础增产解决,城镇化与粮食增产速度应成比例发展。因此要研究耕地递减趋势、耕地人均占有量和非农业占用耕地的临界线,使城镇人口的增长和城镇化的发展始终在这两条临界线以上。

(2) 就业因素

一方面,农村人多地少,农业剩余劳动力多是我国城镇化发展的一个重要的推动力;另一方面城镇化发展带来的城市人口就业问题也对国家经济发展带来压力,在城镇工业部门中创造一个就业机会,比在农村安排一个劳动力需要花费更多的资金。

城镇对新增城镇人口就业安置的能力与所能投入的工业、交通运输业、城市基础设施等建设事业资金,都会影响到城镇化发展的进程。

2. 区域总人口规模预测

区域范围内的总人口规模与非农业人口规模(比重)是预测城市化水平的必要条件。

对规划区域总人口规模的预测应在分析研究历年总人口增减特征、原因等基础上,选择适宜的预测途径与模型。

(1) 回归分析法

回归分析法是依据事物发展中有些变量之间有密切关系的原理,通过寻找能够近似表达两个或多个变量之间相关关系的数学方程式来进行预测的方法和技术。在区域总人口预测中主要选取与总人口增长密切相关的因素,通过回归分析求解有关因素与人口增长之间的回归数学方程,再用之预测区域未来的人口规模。人口预测中常用的回归分析有年份与人口规模的回归分析、工农业总产值与人口规模的回归分析等。

(2) 综合增长率预测法

本方法主要根据对未来人口出生率、自然增长率、机械增长率等不同控制数值,预测人口规模。

预测公式为:

$$P = P_0(1 + r_1 + r_2)^t$$

式中 P——规划预测年总人口;

P_0——规划基础年总人口;

r_1——自然增长率;

r_2——机械增长率;

t——预测年份－基础年份。

(3) 人口动态模型预测法

人口动态模型认为，人口处于不断变动的状况之中，表达这种状态特征主要是不同年龄、性别的人口数。如果在这不断运动的过程中取某一瞬间(t)，则可以相对地看作是一个静止的状态，从某一状态(a)到另一状态(b)的变化则可以用图解模型加以表达(图4-2)。

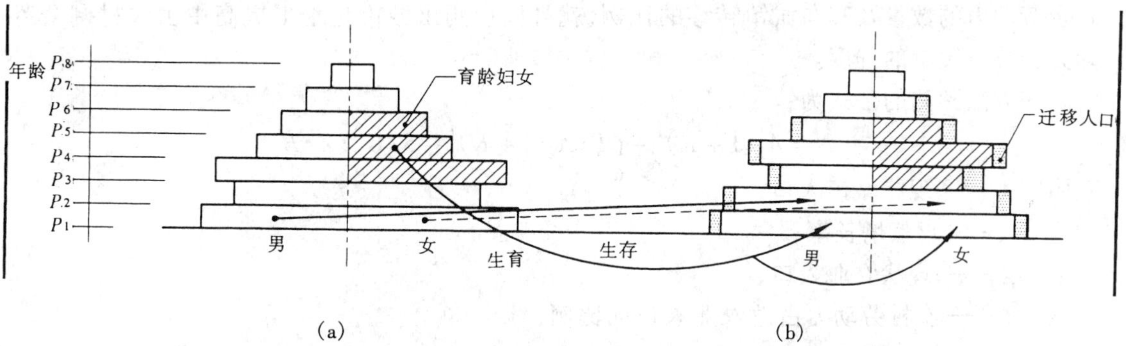

图4-2 分年龄组人口动态模型图解

用数学表达式可表示为：

年龄组	男	女
0~1岁	$P_1^M(t=t_0+\Delta t)=P_1^M(t=t_0)+\Delta_1^M(\Delta t)$	$P_1^F(t=t_0+\Delta t)=P_1^F(t=t_0)+\Delta_1^F(\Delta t)$
1~2岁	$P_2^M(t=t_0+\Delta t)=P_2^M(t=t_0)+\Delta_2^M(\Delta t)$	$P_2^F(t=t_0+\Delta t)=P_2^F(t=t_0)+\Delta_2^F(\Delta t)$
⋮	⋮	⋮
$(i-1)$~i岁	$P_i^M(t=t_0+\Delta t)=P_i^M(t=t_0)+\Delta_i^M(\Delta t)$	$P_i^F(t=t_0+\Delta t)=P_i^F(t=t_0)+\Delta_i^F(\Delta t)$

式中　P_i^M——人口数，下标 i 为年龄，上标 M 表示男性人口，F 表示女性人口；

$\Delta i(t_0+\Delta t)$——表示第 i 年龄组从(a)状态到(b)状态，在 Δt 时间内的变化值。

(4) 其他预测方法

其他用于预测区域总人口规模的方法有灰色系统模型预测法、系统动力学预测法等。

3. 非农业人口规模及比重预测

非农业人口规模与总人口规模在预测方法上差异不大，一般亦可采用上述方法进行预测。

值得指出的是当考虑区域非农业人口增长与区域经济发展水平之间存在因果关系，而以人均工农业产值作为反映经济发展水平的指标计算其与非农业人口比重之间的相关关系时，应同时考虑城市化发展阶段对非农业人口比重增长变化的影响。

4. 区域城市化水平预测

(1) 回归分析法

主要选取与城镇人口(城市化水平)增长密切相关的因素，通过回归分析求解有关因素与城镇人口增长(城市化水平)之间的回归数学方程，再用之预测区域未来的城镇人口规模及其城市化水平。城市化水平预测中常用的回归分析有年份与城市化水平的回归分析、经济发展指标(如国民收入)与城市化水平的回归分析等。

(2) 农村剩余劳动力转移法

城市化的发展和城市化水平的提高,除了城镇人口的自然增长外,主要为农村人口向城镇的转移,其中最根本的是农村剩余劳动力向城镇第二、第三产业的转移。因此,预测农村剩余劳动力的数量及其向城镇转移的比例,就可以预测出城市化水平提高中由农村剩余劳动力转移所贡献的程度。

该方法预测的公式为:

$$N = A_1(1+K)^t + [F \cdot A_2(1+K)^t - S/G] \cdot Z \cdot B$$

式中 A_1——现状城镇人口;

K——自然增长率;

A_2——现状农业人口;

F——农村劳动力占总农业人口的比例;

S——耕地面积;

G——每个农村劳动力负担耕地;

Z——农业剩余劳动力转移至城镇的比例;

B——转移的农村剩余劳动力的带眷系数;

t——预测年份 - 基础年份。

(3) 非农业人口预测转换法

根据对区域未来非农业人口及其占总人口比重的预测,考察城镇驻地人口中非农业人口、自理口粮人口和农业人口的各自比重,即可将区域非农业人口所占比重换算成实际城镇驻地人口比重(即城市化水平)。

其计算公式为:

$$UL = \frac{C}{1-K} \cdot a$$

式中 UL——预测城市化水平;

C——城镇驻地非农业人口占区域非农业人口的比重;

K——城镇驻地人口中自理口粮人口和非农业人口比重;

a——非农业人口占总人口的比重。

(4) 其他方法

其他进行城镇人口规模和城市化水平预测的方法有灰色系统模型预测法、系统动力学预测法等。

四、城镇体系组织结构规划

1. 城镇体系职能类型结构规划

城镇职能类型规划是针对城镇现状职能构成的特点,结合区域社会经济发展环境与发展战略,确定城镇的性质、特色、地位、作用及发展方向,其实质是使体系中每个城镇具有明确合理的分工,使其优势得到充分发挥,以取得最佳的整体效益。

由于地域发展条件、基础和过程不同,导致了城镇体系内部经济结构的地域差异,并进而使地域内城镇体系特质与地域经济结构特质发生一定的关系。如矿产资源丰富的地区城镇体系一般以工矿型城镇为主;矿产缺乏、农业技术发达、水陆交通方便、地理位置优越的地带,常发展以加工型为主的城镇;在水力、森林资源丰富的地区,城镇体系内城镇可能围绕水力、森林资源开发为主。城镇体系的城镇职能类型结构规划的任务之一即是确定城镇体系的整体的职能类型。

城镇职能类型结构规划的另一任务是城镇体系内城镇间的类型有机组合与职能协调。

地域城镇体系城镇的职能类型组合是以一定城市类型的结合为基础的。这些城市类型是由于地域城市某一时期所固有的经济布局和人口移动规律共同作用的结果,与地域城市化进程、地域劳动分工深度密切相关。地域城镇体系的职能结构类型可分为矿产资源、农业、重加工、轻加工和综合发展等几种基本类型。

就地域城镇体系职能结构组合而言,规划实质是使每个城镇具有明确合理的分工,使其优势充分发挥,以取得最佳的整体效益。核心内容为:① 确定每个城镇的城市性质,其在体系中承担的任务与作用,指出其不同的发展方向;②确定城镇职能的等级(并非规模等级)及服务地区(图 4-3)。

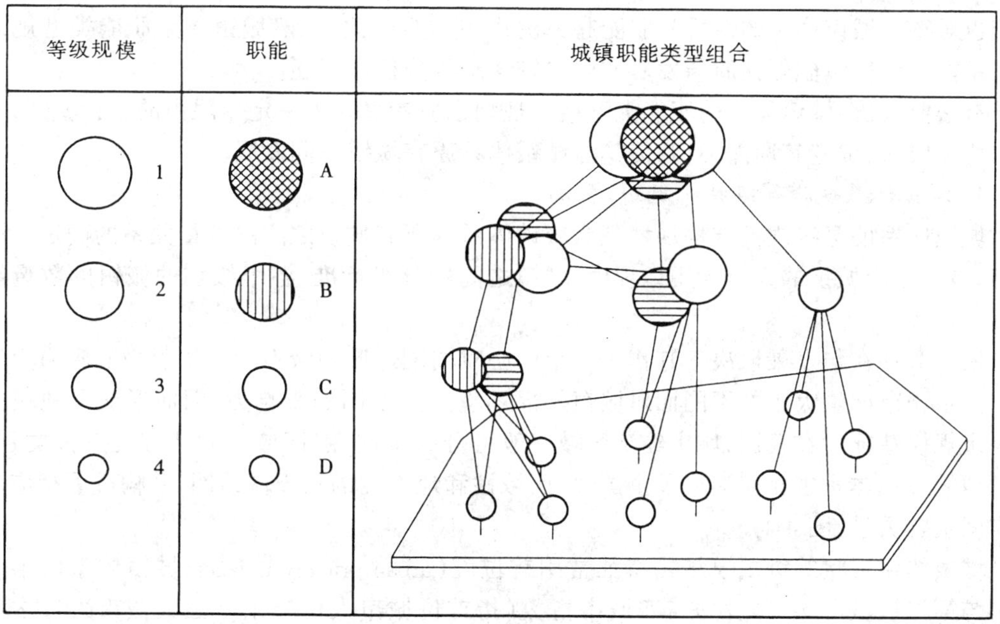

图 4-3　城镇体系职能类型结构示意图

城镇体系职能类型结构规划的内容与步骤为:

(1) 认识现状特点与问题

目的是通过对现状城镇体系职能类型结构特点与存在问题的认识,在规划中采取针对性的措施予以改进和完善。

(2) 确定城镇职能结构发展方针

通过对现状城镇职能结构特点与存在问题的分析,提出城镇体系职能结构的发展方针,以便使城镇职能结构的发展有一个明确的目标。

(3) 划分职能结构的等级序列与类型

这是城镇体系职能结构规划的主要内容，包括两个方面：

① 等级序列

目的是解决城镇体系现状职能结构存在的问题，使其职能结构层次分明，分工明确。

② 职能类型

城镇体系中每一城镇不仅需要明确其在城镇职能结构序列中居哪一等级，而且还要明确它的职能类型，这样才能使其发展方向明确。在这一阶段，应对城镇体系内每一城镇确定其职能类型；对整个城镇体系而言，应确定城镇体系共有几种职能类型，每类城镇的数量及名称。

(4) 选择重点发展城镇(地带)

为体现集中力量，以点带面，把有限的力量投放在城镇体系的关键点上，应在城镇体系内选择重点发展城镇。每一城镇体系应在体系内部条件和外部环境的全面权衡和把握的基础上，确定重点发展城镇的选择依据。

(5) 确定主要城镇职能性质与发展方向

城镇体系内主要城镇的存在是城镇体系发展的重要因素之一，因而主要城镇的性质与职能也对整个城镇体系的性质与职能起关键作用。鉴于此，一般城镇体系职能类型规划皆对体系内主要城镇职能性质与发展方向作较详细的分析和阐述。

有必要指出，城镇体系的职能类型结构规划也应考虑未来一定年限内的新设城镇，并划定其职能层次，确定其职能类型，使其与城镇体系原有城镇协同发展。

2. 城镇体系规模等级结构规划

城镇体系的等级规模结构规划是对城镇体系内所有城镇之间的数量关系的确定。具体而言，包括各个城镇的人口与用地规模，城镇之间的分级标准，各个级别的城镇的数量级配等。

城市的存在与发展取决于其作为一个中心对周围地区的吸引力和辐射力。吸引力和辐射力由于城市能量大小的不同而对城镇外部环境产生不同的影响力，因而形成了地域空间的等级规模特征。在我国，城市经济区域一般可分为全国性、区域性和地方性三大类别，我国的地域城镇体系也相应形成了全国性、区域性和地方性的三级城镇网，并构成了相应的城镇空间组合关系(图 4-4)。

城镇体系现状等级规模结构特征常用首位度(urban primary indexes，城镇体系内第一大城市与第二大城市人口之比)与四城市指数(指首位城市人口与余下三大城市人口之和的比)来反映，一般首位度与四城市指数越小表明城镇体系内各城镇在等级城镇方面差异越小；反之则表明差异越大。

城镇规模发展以及各个城镇在规模和数量上的组合首先取决于区域城镇化进程的速度、分布及其差异，其次受各个城镇职能结构发展条件的影响和制约。因此城镇体系的规模等级结构规划，必须建立在体系城镇化水平的预测以及各个城镇合理发展规模的预测的基础之上。

城镇体系规模等级结构规划的内容与步骤为：

(1) 现状特点与问题分析

要对城镇体系的远期规模等级结构作出规定，首先应明了其规模等级结构的现状特点

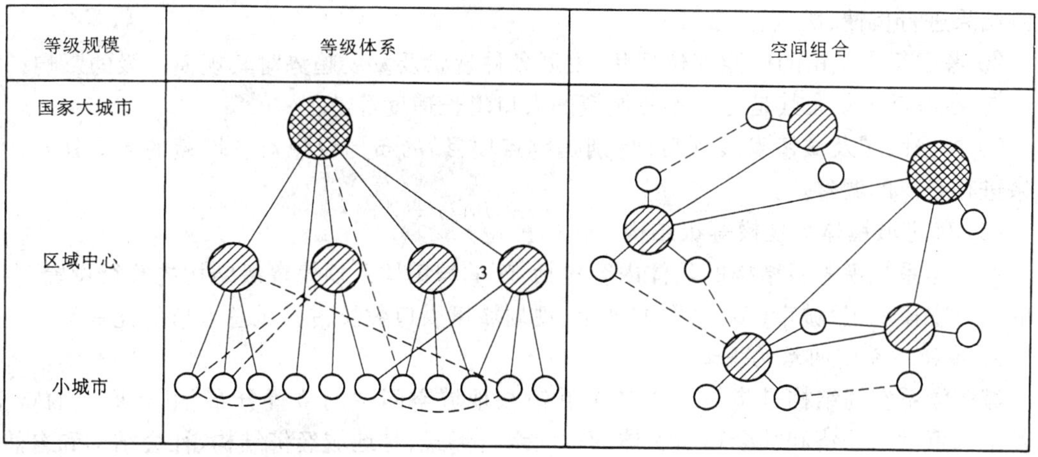

图 4-4　城镇体系等级规模示意图

与存在问题。

(2) 城镇体系规模等级结构变动因素分析

城镇体系规模等级结构变化，是体系内外因素共同作用的结果，在城镇体系规模等级结构规划之前，应能掌握这些因素并对之进行分析。一般城镇体系规模等级结构变动受如下几个因素的影响：

① 原有城市及建制镇人口的增长，这是城镇体系规模等级结构变化的基本原因之一。

② 规划新增的建制镇也是影响未来城镇体系规模等级结构变动的因素之一。首先应根据城镇体系发展趋势，制定新镇设置的依据，然后预测新设镇的总人口规模及其在各镇的分布。

③ 城镇职能作用的变化

这也是影响城镇体系未来规模等级结构的一个因素，一般而言，城镇职能作用越强，其在区域中所处的地位也越重要，其规模也越大，等级层次也越高；反之亦然。当由于城镇内外部因素的影响使得城镇职能作用强弱发生了变化，不可避免地也使其规模等级发生变化，从而引起整个体系规模等级结构发生变化。

④ 人为因素的影响

人为的城镇发展战略的不同侧重，城镇建设投资的数量与不同分配方式，城镇体系发展政策等也将对城镇体系的规模等级结构产生变化。且这些变化将可能是跳跃和突变性的。

(3) 城镇体系规模等级结构发展方针

在明确了城镇体系规模等级结构的特点与存在的问题，进行了城镇体系规模等级变动因素分析之后，就可制定适宜的城镇规模等级结构发展方针。目的是使对体系的规模等级结构进行调整、完善的行为依据充分，有的放矢，以促进城镇体系的发展。

(4) 各级城镇的人口规模预测

由于城镇体系的规模等级结构规划是回答体系内每个城镇未来一定时期间的人口规模及其在体系中所处的层次等级，因此每个城镇的人口规模预测就成为必须的前提和步骤。

在这一阶段进行的每一个城镇人口规模预测应注意：

① 与先期进行的城镇体系整体范围内的总人口、非农业人口、城镇人口及城镇化水平预测结果进行反馈、协调；

② 考虑每一城镇的职能地位现状、发展条件现状及发展趋势对其规模等级的影响；

③ 参考近十年尤其是近五年各城镇的人口增长速度等特征；

④ 根据区域及城镇发展项目(特别是重点项目)的布局设想对各城镇的人口初步预测结果进行必要的调整。

(5) 确定城镇体系规模等级结构

城镇体系规模等级结构的具体内容包括:新的城镇体系规模等级结构的等级设置、各等级的人口规模确定、城市(镇)个数的确定、规划城镇人口数及占区域总人口的比重等。

3. 城镇体系空间结构规划

城镇体系空间结构是指体系内各个城镇在地域空间中的位置分布、组合形式的特征。它是地域范围内经济和社会物质实体的空间组合形式,是地域经济结构、社会结构和自然环境条件在空间上的投影。地域内经济社会发展水平越高,自然环境条件越好,城镇体系就越发育良好,城镇数量多,规模相对较大。具体说,它是职能类型结构和规模等级结构在区域内的空间组合和表现形式,因此城镇体系空间结构的特征相当程度上取决于前两种结构的作用,同时也受社会经济条件、自然地理条件、城镇化水平以及人文因素(如生产布局、城镇发展政策等)的影响和制约。

城镇体系空间结构规划的内容与步骤如下:

(1) 现状特点与问题分析

一般从城镇的地域分布、分布密度、地域差异等方面予以反映。

(2) 城镇体系空间结构影响因素分析

从一般意义而言,城镇体系的空间结构受区域自然条件、人口分布状况、经济基础、城市化水平、交通运输等各种因素影响,一个特定区域的城镇体系规划,应分析影响其空间结构的特殊因素,并分析这些因素对未来城镇空间结构的影响程度,这样才能做出有针对性的空间结构布局。

如烟台市域城镇空间分布的主要影响因素是资源和交通条件。在资源条件中,又以海港岸线、滩涂水面、矿产资源和风景资源尤为重要。这些资源丰富的和海运交通条件优越的沿海地带,是城镇现状和今后发展、分布的主要地带。此外,芝烟铁路是该地区便捷地沟通山东内陆乃至国内腹地,进行经济联系的重要通道,铁路沿线不少城镇已成为较重要的物资中转地和工业中心,是烟台市重要的城镇分布线。

(3) 城镇空间结构规划指导思想

城镇体系空间结构规划指导思想是在城镇空间分布特点及影响因素分析的基础上,考虑区域经济社会宏观发展战略及自然地理条件等因素作用后提出的,一般包括城镇空间分布的重点、步骤与主要意图等。

(4) 城镇空间结构规划模式选择

地域城镇空间分布可以有多种途径和模式。针对城镇体系的具体情况,正确选择其城镇空间结构模式是十分重要的。在许多情况下,城镇空间布局模式的选择要经过反复的研究。

城镇空间结构模式的确定与城镇空间分布形式以及城镇空间发展态势密切相关。城镇空间分布形式有分散型或集中型,或者分散-集中型、集中-分散型、单一中心-主次中心-多中心组群;城镇空间发展态势即城镇在区域空间范围内增长变化的轨迹和趋势。如在城镇体系空间结构规划中,要考虑城镇生长点、增长极、发展轴等,并且加以不同层次、不同级别的限定,实际上这也是对未来城镇发展态势的限定。

(5) 城镇区域划分

由于历史基础、经济发展水平、城镇条件和发展方向的差异,城镇体系内若干中心城市将会因为辐射、吸引范围及经济联系等因素的作用形成若干城镇区域(城镇经济区或经济协作区)。为了使中心城市的发展带动周围地区的经济和城镇发展,就有必要按照城镇体系发展的远期目标调整城镇区域划分。

4. 城镇体系网络结构规划

(1) 城镇网络结构规划的目的

为了使城镇体系在结构合理的基础上运转良好,带动区域社会经济同步发展,形成城乡一体化,必须在区域各城镇之间建立各种类型的社会经济联系网络。这种城市与城市之间、城市与区域之间所形成的各种有机的社会经济联系系统即是城镇体系的网络结构。

城镇体系的网络组织依赖于体系内部各城镇之间的物质与非物质因素的联系以及体系之间的信息、能量和物质交流。就城镇体系联系网络而言,包含如下几类:①自然及交通联系网络;②经济联系网络;③人口活动联系网络;④技术联系网络;⑤社会联系网络;⑥信息联系网络;⑦服务性联系网络;⑧行政管理网络。(表 4-4)

表 4-4　　地域城镇体系联系网络

类　型	形　式
自然及交通联系网络	道路交通运输网络,河流及水运网,铁路网,生态相互关系等
经济联系网络	市场网络,原材料及半成品流,资金流,生产联系(包括"产前"、"产后"和"横向"联系),收入流,部门及区际日用品流等
人口活动联系网络	移民流(临时和永久性),工作通勤流,旅行与旅游流等
技术联系网络	技术扩散形式(集聚型和分散型)、灌溉系统、电讯系统等
社会联系网络	居民原籍关系,亲属关系,风俗、礼节和宗教活动,社会团体相互关系等
信息联系网络	邮政、电讯、广播电视系统等
	能源供应与网络,信贷与财政网,教育训练进修联系,卫生医疗网,
服务性联系网络	交通服务系统,商品供应系统等
行政管理联系网络	机构关系,政府预算过程及其形成,权力批准监督机构关系,组织党派关系及其组合,日常政策制定执行及其监督等

城镇体系网络结构的主体是体系内的城镇,尤其是中心城镇。中心城镇在网络结构中的作用是将其作用力和能量通过网络渠道辐射到整个区域,在这个过程中,扩散了中心城市的工业、技术、资金、信息,促进了区域的协同发展。

具体而言,城镇网络结构规划是在城镇体系职能类型结构规划、规模等级结构规划与空间结构规划的基础上,对地域行政管理、工业、交通、商业、科技情报、文化、教育、卫生和财政金融信贷等网络进行统一规划,提高全地域城乡居民物质和精神生活水平,推动地域社会经济的发展。同时,城镇网络结构规划并非依附于城镇空间结构、等级规模结构和职能类型结构规划而存在,而是对以上三个规划内容一定程度上起着反馈影响和制约作用。四者的关系是互为背景,互为依存的关系。

(2) 城镇网络结构规划的内容

① 行政管理网络系统

我国现行行政区划分按宪法规定,将全国分为省、自治区、市、县、自治县、乡、民族乡、镇,直辖市和较大的市分为区、县,自治州分为县、自治县、市。我国城镇体系的行政管理网络与之相对应,也形成首都—省城(直辖市、自治区首府)—省辖市、地级市—县级市、县城—镇的五级行政管理网络系统。

行政管理网络系统规划是根据城镇体系整体发展的需求,合理调整现行城镇体系行政网络的结构(包括隶属关系、管辖范围等),以使城镇体系的发展更为健康迅速。

② 交通运输网络系统

交通运输是沟通城乡生产、流通的先决条件之一。在城镇体系内,以中心城市为核心,城市(镇)为节点,通过交通线联系,便形成了城镇体系的交通运输网络。交通运输网络的合理与否,其与城镇体系发展进程的协调程度,都对城镇体系正常功能发挥产生影响。

在交通运输网络系统规划中,应在分析交通方式现状的基础上,提出发展和改进现有交通运输系统的方针、原则及具体的建设项目和管理对策等。其中主要任务之一是通过调查分析,明确其最薄弱环节,采取有效措施加以改进。

③ 生产协作网络系统

在我国城镇体系内,各城市(镇)工业企业按照自愿、平等、互利和扬长避短、择优发展的原则,以骨干企业为依托,发展城市(镇)间生产协作,形成了如下三种生产协作网络系统:

A. 市-县城-镇自上而下的城镇工业扩散网络系统。这种网络以骨干企业为依托,发展城市(镇)的企业之间的产品加工和技术扩散作用,自上而下逐级扩散,最终形成市-县城-镇自上而下的城镇工业经济网络。

B. 镇-县城-市自下而上的集聚式深加工生产协作网络。这种网络以原材料加工、矿工业、农副产品加工业为基础,随着技术和精加工程度的提高,而不断逐级由下而上呈集聚式,形成城镇体系内生产的深加工协作网络。

C. 横向联系密切,协同发展的城镇群生产综合体经济网络系统。这类网络系统是城镇群经济组织的高级阶段。它们围绕同一、二种资源,统一分工、协作配套,形成有机联系且具有地域特征的生产联系网络系统。

在市场经济体制下,第三种生产协作网络形式所占比重将呈增长的趋势,这给城镇体系的职能类型、规模等级、空间结构等带来了一定的影响。城镇体系生产协作网络系统规划的任务是根据区域整体发展原则,安排体系内各种生产要素的布点,相互分工及其联系方式,以使区域整体发展效益最佳。

城镇体系生产网络系统与城镇职能中的产业结构有一定的联系。在进行体系生产网络系统规划时,要注意避免各城镇产业结构雷同,职能分工不明确,生产重复、缺乏地域分工、互补性差。如有的学者研究(1990)发现长江三角洲包括上海、南京、无锡、常州、苏州、南通、扬州、镇江、杭州、宁波、嘉兴、湖州、绍兴在内的13个城市中工业结构趋同性明显,除南京电气机械器件制造业占第1位和扬州机械工业占第1位外,其余11个市都以纺织业居首位,而机械工业有11个市居前3位，其余的化学工业、电气机械器材制造业、电子及通讯设备制造业、食品饮料和烟草加工业、建筑材料及其他非金属矿物制造业、黑色金属冶金及压延加工业、石油加工业及交通运输设备制造业等，其总产值基本上居全市的前10位。之所以产生这种情况，是与过去基本上搞封闭型、自给型经济有关。随着科技的进步和经济的发展，对各市的城市功能提出了进一步的要求，调整产业结构势所必然。在这一过程中，应能兼顾到生产协作网络的完善，根据城市的级别、等级，将不同的产业合理地分配到不同的城市中，使城市之间分工明确，关系协调，互相补充，共同繁荣。

④商品流通网络系统

随着市场经济的发展，城镇间原有简易的小范围流通市场，正日趋转变成开放性的、广泛联系的流通网络。商品的流通网络系统正日益成为我国城镇体系内联系生产和消费、联系各地区乃至全国的不可缺少的经济桥梁和纽带。

未来专业市场和商品产销基地网络的发展趋势将对城镇发展产生多方面的影响：A. 带动一批新的城镇发展起来；B. 各中心城镇的经济职能和服务职能进一步得到加强；C. 市场区域内以贸易职能为主的小城镇性质有可能随市场的变化而发生变化；D. 商品产销基地由劳动密集型转向劳动技术密集型会逐步改变城镇的用地布局特征。

5. 新增建制镇、市规划

随着城镇体系的发展，体系内城镇人口将不断增长，这些新增长人口除靠现有城镇规模扩大以消化吸收外，还靠新增建制镇及新设市数量的增加。新增建制镇和新设市应考虑区域社会经济发展总体目标的要求，考虑城镇体系整体结构的完善以及欲转为建制镇和新设市的集镇及建制镇的现有基础条件（包括人口规模、经济实力、产业结构、发展潜力等）。新增建制镇与新设市规划是确定规划期内哪些集镇、建制镇将上升为建制镇和市。

首先要研究和确定新镇和新市设置的依据；其次要考虑新增建制镇的建镇基本条件，如地理区位、产业特征及发展趋势、现状基础等；其三，要进行拟新设建制镇人口规模的预测，并注意各新设镇、市人口加上原有城镇人口之和，应与城镇体系总的城镇人口预测值符合；其四，要确定所有新增建制镇、新设市的建镇与建市的具体时期。一般以近期、中期、远期划分；其五，要从城镇体系的整体与新设镇、市的局部两方面的结合点上考虑与确定新设镇及新设市的城市（镇）性质及发展方向；其六，要对新设镇及新设市的城市空间布局形态作出初步的规定。

五、城镇体系规划实施措施及建议

为提高城镇体系规划的可操作性，其基本途径主要有二。其一是从规划内容、规划过程、规划成果等方面考虑规划的科学性与合理性，提高其内在的可操作性；其二是规划者从实施规划所需的条件及环境等方面，提出一系列措施及建议。

从一般意义而言，城镇体系规划实施措施及建议要对涉及到城镇体系未来发展的宏观性、关键性、政策性问题提出看法。

1. 宏观性问题

宏观性问题主要是指城镇体系未来发展过程中将要遇到的区域性及跨区域性问题。如水系整治、跨市域引水工程施工、水库开发建设、跨区域用地范围的旅游区的建设管理、高级别干线道路网、铁路的选线建设、多城市共用的大型机场的选址布局等等，这些问题的解决方式与途径对城镇体系规划的实施有重大的影响。因此，从城镇体系规划者角度，对这些宏观性问题进行研究分析，并提出相应的措施和建议，可在一定程度上提高城镇体系规划的可操作性。

2. 关键性问题

每一城镇体系都有各自独特的发展条件和环境，这些条件和环境中有些是影响和制约城镇体系发展的关键因素，相应也成为城镇体系规划实施的关键性问题。如一般对于单个城市而言的“城市门槛”如自然条件、资金、水源、能源等因素，对城镇体系也同样存在“门槛效应”。城镇体系在发展过程中，如不能妥善解决这类问题，将不利于其发展。城镇体系规划成果已在相当程度上提出了对这类关键性问题的处理与解决途径，规划者对这类问题解决的关键点与要点在实施措施中予以突出和强调，有利于这些难点问题的顺利解决，从而提高规划的可操作性。

3. 政策性问题

城镇体系所涉及的范围广、内容多，其中有不少属于政策性的问题。如人口管理问题、新设镇、新设市问题，单个城镇的行政区划调整及管理机构设置问题等等。这些都对城镇体系规划的实施产生多种影响。

以上从一般意义方面阐述了城镇体系规划实施措施及建议所涉及的内容，对每一特定的城镇体系而言，其规划实施措施及建议应根据每一城镇的不同情况而提出相应的内容。

第四节　城镇体系规划编制

一、城镇体系规划基础资料收集

从时间而言，城镇体系规划基础资料可分成历史资料、现状资料、规划（计划）发展资料三类。从范围而言，城镇体系规划资料可分成体系外部资料和体系本身资料两类。而它们的内容和范围，可由如下几方面组成：

（1）地理位置、地形、区位、地貌、水文、气象、工程地质和水文地质等自然地理资料；

（2）行政管辖范围、行政区划、行政组织机构等资料；

（3）人口和劳动力资料；

（4）城镇、农业、交通水利设施等土地利用资料；

（5）矿产、农业、林业、水利、旅游资源资料；

（6）能源供应资料；

（7）第一、第二、第三产业资料；

（8）交通运输资料；

（9）经济、社会、文化、科技发展资料；

（10）基础设施发展资料；

（11）生态环境质量资料；

（12）城镇化发展资料；

（13）城镇职能类型资料；

（14）城镇规模等级资料；

（15）城镇分布资料；

(16) 城镇体系内外联系网络资料(信息、商品、行政管理、交通、生产协作等);

(17) 各类地形图资料。

城镇体系规划资料收集的目的是使规划者能依据充足的资料分析研究,清楚地认识城镇体系发展的状况,以便在规划中采取针对性的对策。

为使城镇体系规划资料收集真正达到以上目的,应强调分层次与分区域、分时间的资料收集方法。分层次是指对体系中城镇按不同等级、规模分门别类进行数据采集、统计;分区域是指资料按不同区域收集整理;分时间是强调资料能反映城镇体系发展与运转的轨迹。

二、城镇体系规划的步骤

一般来说,城镇体系规划由如下阶段与步骤组成。

(1) 准备

包括人员组成、基础资料收集、城镇体系范围确定等,主要是为城镇体系规划的进行提供必要的前提条件。

(2) 分析

是在详尽占有资料信息的基础上,对城镇体系历史、现状、区域发展条件、城镇建设条件等进行分析,以总结城镇体系发展的历史过程,其发展的优劣势条件,使规划者对城镇体系迄今为止的发展状况有一个全面的了解和把握,为进入规划阶段打好基础。

(3) 预测

城镇体系规划是对未来发展的设想,因此有关城镇体系方方面面的发展预测是规划进行必需的步骤。这一阶段包括人口劳动力预测、区域城镇化预测、区域发展方向预测、区域产业发展战略预测、资源利用需求预测、交通运输需求预测及城镇体系远景发展预测等。以上预测中以前二项更为重要,这不仅因为它们是城镇体系规划的基础条件,也因为后几项预测在实际中皆已渗透到规划内容中去了,较少单独出现。

(4) 立意

包括确定城镇体系的规划目标、规划原则、规划指导思想。

(5) 规划

主要是对城镇体系规划的基本内容即城镇体系组织结构的规划布局,包括城镇体系的职能类型结构、规模等级结构、空间结构及网络结构,同时还包括依据城镇体系规划布局和区域自然、社会、经济因素,合理进行城镇经济区域的划分,确定区域主要城镇发展方向、城镇分工及提出规划实施措施与建议等。

(6) 评估

经过以上尤其是第5阶段,城镇体系规划的基本方案(这里,“方案”含义是广义的,指以形象、文字等形式反映的对城镇体系规划的结果)已经产生,但方案的合理性与科学性如何有必要进行多角度的检验与评估。如能通过检验,则继续进行下一步的工作;否则就需重复以上工作步骤。

(7) 成果

通过以上6个阶段,城镇体系规划就可进入成果整理编制及制作。

三、城镇体系规划内容

根据1994年我国建设部颁布的《城镇体系规划编制审批办法》,城镇体系规划一般应包括下列内容:

(1) 综合评价区域与城市的发展和开发建设条件;

(2) 预测区域人口增长,确定城市化目标;

(3) 确定本区域的城镇发展战略,划分城市经济区;

(4) 提出城镇体系的功能结构和城镇分工;

(5) 确定城镇体系的等级和规模结构;

(6) 确定城镇体系的空间布局;

(7) 统筹安排区域基础设施、社会设施;

(8) 确定保护区域生态环境、自然和人文景观以及历史文化遗产的原则和措施;

(9) 确定各时期重点发展的城镇,提出近期重点发展城镇的规划建议;

(10) 提出实施规划的政策和措施。

四、城镇体系规划成果

城镇体系规划的成果应包括城镇体系规划文件和主要图纸。

(1) 城镇体系规划文件

城镇体系规划文件包括规划文本和附件。其中规划文本是对规划的目标、原则和内容提出规定性和指导性要求的文件,附件是对规划文本的具体解释,包括综合规划报告、专题规划报告和基础资料汇编。

(2) 城镇体系规划主要图纸

城镇体系规划主要图纸应包括:

① 城镇现状建设和发展条件综合评价图;

② 城镇体系规划图;

③ 区域社会及工程基础设施配置图;

④ 重点地区城镇发展规划示意图。

图纸比例为全国用1:2500000,省域用1:1000000～1:500000,市域、县域用1:500000～1:100000。重点地区城镇发展规划示意图用1:50000～1:10000。

本章提要:

本章首先论述了城镇体系的基本概念、特征及城镇体系发展的影响因素和机制,分析了城镇体系发展的各种条件,对城镇体系规划的主要内容进行了具体的阐述。本章的最后较详细地介绍了城镇体系规划编制的步骤、内容和规划成果的有关技术要求。

参考文献

1. 蔡建辉．市域城镇体系规划的编制．城市规划汇刊．上海:同济大学出版社,1986年第3期

2. 重庆建筑工程学院,同济大学合编．区域规划概论．北京:中国建筑工业出版社,1984年

3. 高春茂. 对我国城镇体系规划的再思考. 城市规划,1992年第4期. 北京:《城市规划》编辑部,1992~
4. 顾朝林. 中国城镇体系——历史、现状、展望. 北京:商务印书馆,1992年
5. 宋家泰等. 城镇体系规划的理论与方法初探. 地理学报,第43卷第2期. 北京:科学出版社,1987~
6. 田夫. 中国城市化道路问题研究述要. 城市经济研究,1993年第10期
7. 张俊心等. 软科学手册. 天津:天津科学技术翻译出版公司,1989年

第五章　城市经济区与区域一体化发展

城市和区域是一个不可分割的有机整体，城市是区域的核心，区域是城市的基础。我国经济体制改革的目标之一就是要以经济比较发达的城市为中心，带动周围地区发展，逐步形成以大、中城市为依托的各种规模和各种类型的经济区。实践中，自我国改革开放以来，以各类中心城市为核心的城市经济区的形成和发展对于推动我国区域经济社会的繁荣及中、小城市及城镇的发展，促进城乡一体化格局的形成和区域城镇体系的完善，已经起到了不可估量的作用。城市经济区和区域一体化发展的研究已成为区域研究和区域规划中的一个重要领域。

第一节　经济区与城市经济区

城市经济区是经济区的一种类型。对城市经济区的理解必须从经济区入手，分析两者的共性和不同点。

一、经济区的概念

对于什么是经济区的研究已有很长的历史，积累了众多的论述。较共同的认识是：经济区是具有全国意义专业化的地域生产统一体；是商品经济发展到较高阶段后，在生产日益社会化、区域化的条件下，社会生产地域分工的表现形式。

社会生产地域分工和联系的发展与变化是经济区形成、演变的客观基础，它具有客观性和可知性。社会生产地域分工必然导致地区专业化部门的出现和向专业化生产方向发展，当一个地区的众多专业化部门发展到一定程度，以致这些部门足以构成该地区的特色，区际联系变得频繁而稳定时，这个地区便逐渐形成为一个经济区。同时对经济区的划分、描述又取决于区域研究的目的，以及制定和实施各种公共政策和计划的要求。因此，经济区的划分要从实际出发，并根据研究任务和规划工作的需要，相应地规定不同原则，采取不同的方法。

经济区随着社会经济的发展而发展，生产力的发展、社会经济运行体制和社会生产地域分工的变化会引起经济区内部结构和外部经济联系的变化，社会经济形态的变革也将导致经济区性质的变化。因此，经济区具有历史性和阶段性，经济区的划分必须根据经济地域结构的变动而调整。

由于经济区是由多种生产要素组成的地域“经济共同体”，经济区概念的根本意义在于其各组成部分在空间上的接近性和在性质上的统一性。在这一基础上，根据经济区的结构和职能特点可分为部门经济区和综合经济区。根据地域属性还可分为行政经济区和自然经济区。

1. 部门经济区

一个国家的内部自然条件和社会经济条件往往存在着地区之间的差异，一个地区可能有利于某些生产部门的发展而不利于另外一些部门的发展，为了准确描述地域经济发展的特性，或为了使每一个部门都尽可能在对它有利的地区发展，需要结合各地区的具体条件进行部门经济区的划分，如能源区、农业区、出口加工区等。每一种部门经济区还可以分综合部门经济区和单项部门经济区。例如综合农业区可以包括农、林、牧、副、渔各类农业生产部门；而畜牧区、林业区、粮食作物区、油料作物区等则属于单项农业区。

部门经济区在一定意义上是一种内部结构和条件相对一致的均质区。对于均质区来讲，它的一般基础是有可输出的共同产品，所以某种外部条件的变化会对全区各地都产生同样的不利或有利影响。如市场的粮食价格或煤炭价格的变化，就会对粮食产区或煤炭生产基地各成员带来共同的影响。因此，均质区成员之间在对付外部环境变化中存在着共同的利益。这往往会促使它们组成经济共同体，采取共同的对策。对于中央和省级政府来讲，也有可能在均质的经济区范围内制定和实施某种地域性的统一政策。

2. 综合经济区

这是由区位相依、功能相对一体化的不同地域单元组成的经济功能区，区域内部的商品和服务的交换具有重要意义。综合经济区一般可分为基层经济区、基本经济区和大经济区。

与均质区不同的是，综合性经济功能区各成员相互关系或共同利益存在的基础是功能联系的相对一体化，形成地域生产和联系的综合体。这里的关键是经济相互作用的密切程度，这种作用可分为纵向、横向和互补性联系三种。

不同产业、不同产业门类和层次、不同生产和服务的纵向垂直联系，通过地域上的彼此接近配置，可以提高效率，节省运输和服务费用，从而维系地域的一体化发展。横向关系包括了对于市场或原料的竞争关系，特别是对经济区发展有影响的稀缺性地区资源，如水资源、土地、岸线、专业人才的竞争等。作为一个整体的区域在这种竞争中将面临许多难于抉择的困境。为了整个区域的利益，最终有必要在横向上进行协调，这也是促成经济区的内在条件。互补联系存在于连带需求产品或服务的供应者，或连带供应产品或服务的需求者之间的吸引，这是一种聚集性的外部经济现象。现代经济的许多产业，如化工、服装、机械、电子等，都有极强的群集趋势。群集给予经济区以商品和服务多样化的优势，形成市场吸引力，在群集状况下，许多投入物和服务可以从专营者那里迅速、便宜地得到。群集造成大规模的供给量，提高市场的竞争力。各种活动的相互支持、吸引和补充的循环是经济区运行的重要动力。

3. 行政经济区

行政经济区兼有经济区和行政区的双重特点，它既是具有区际意义专业化的地域生产综合体，又在地域范围上与行政区相一致。行政区是对国家政权职能实行分级管理的地域划分范围。对经济的管理，特别是对区域发展的宏观调控和公共干预是国家的主要职能之一。我国现行省区划分的骨架在明清时代已基本形成，经过长期的行政管理与地区开发，尤其是50年代以来按“条条”和“块块”实施计划经济的发展模式，已使多数省区组成了各具特色、不同水平的地域经济综合体。即使在市场经济条件下，行政的地域单元对经济活动仍有重要意义。80年代以来，在我国一些较发达省份实行“市带县”的体制改革，就其本质而言，具有组织行政经济区的目的。

但是，在承认行政经济区所具有积极意义的同时，不能由此而把行政区与经济区完全混同起来。事实上的行政区界与经济区界往往不可能完全一致，而且随着经济的发展，地域之间的经济联系会不断发生变化，而行政区的界线却要有相当的稳定性，不宜经常变动。所以不能用行政区的框框去束缚某些跨行政区的经济联系。同时，通过经济区合理范围的研究，亦可为在适当时候调整行政区划提供依据。

4. 自然经济区

自然经济区是指以自然特征基本相似的地域自然单元为基础而形成的经济区。例如珠江三角洲、长江三角洲、胶东半岛、海南岛等，这些原本都是自然地理概念，但由于其拥有的独特和优越的地理环境结构，进而演化成具有重要意义的经济区或经济核心区，因而在很大程度上又成了经济地理概念。

二、经济区与城市经济区

城市经济区是由一个或数个不同规模的城市和它周围的农村地区共同构成的在地理位置上连接的经济区域。城市经济区以一个或数个经济较发达的城市为中心，通过中心城市的经济辐射和吸引，与周围经济社会活动联系紧密的地区形成区域经济共同体。

城市经济区又是一种对区域经济活动进行研究的概念和组织的方法。区域是城市经济发展的基础，每个经济区都有自己的经济中心。在商品经济高度发达的条件下，经济中心城市是区域经济和城市化发展的核心，起着主导作用。通过生产的协作，物资、资金、技术和信息等的流通，带动经济区域的运行。一般认为结合交通运输等条件正确地估算经济中心城市的经济引力范围是划分经济区的重要依据。所以在一定意义上经济区可被理解为是在区内起核心作用的中心城市的城市经济区。国内外最富活力的经济区域都是以经济中心城市为核心的。

但是，就总体而言，与城市经济区的概念相比，经济区是一个内涵更为丰富的概念，具有多层面的含义。经济中心城市在区域中的辐射范围和主导地位也有一个不断扩大和增强的过程。从实践看，一些已划定过的经济区，特别是大经济区，与既有的经济中心城市的联系还不很密切，与中心城市形成有意义的生产共同体的地区往往只是大经济区的核心区域。例如，1983 年建立的上海经济区的范围包含了上海和江苏的苏、锡、常、通，浙江的杭、嘉、湖、绍、甬 10 个市及所属的 57 个县，面积 $7.4\times10^4 km^2$，人口 5 059 万。1984 年冬，国务院又决定把上海经济区范围由 10 个市扩大到沪、苏、浙、皖、赣等一市四省。1986 年福建省也加入进来，从而使这个经济区的面积达到 $63.8\times10^4 km^2$，人口达到 2.28 亿。这一大经济区虽然称为上海经济区，但就上海现实的经济辐射能力和从地域经济发展的联系性来看，上海经济区客观上主要限于以上海为中心的长江三角洲经济圈。全国其他大经济区与其中心城市的关系基本也是如此。

三、城市经济区的特征

城市经济区具有以下四个基本特征：

1. 综合性

城市经济区是一种综合性的经济区，它涉及的不是哪一个部门经济的联系，而是发挥中心城市在区域中的综合功能，使农业、工业、交通运输，以及第三产业在地域上合理配置，产业体系内部的不同等级、不同部门的活动在经济区域内相互分工、相互支持,使国民经济的各个条块在城市区域这个断面上充分协调。另一方面,这种综合性并不排斥各个城市经济区在全国经济结构和劳动地域分工中的比较优势或相对的专业化方向,也不要求在一个城市经济区内各种行业都要齐全,或建成大而全、小而全的经济体系和工业体系。

2. 层次性

城市经济区按其中心城市的规模和辐射能力可以分为不同的等级层次。例如:大都市经济区或经济圈,以特大城市为中心,或以若干个大中城市群体为核心,是全国或大区域经济发展的核心区;地区性城市经济区,以中等规模的地区性中心城市或中小城市群为核心,在地区经济发展中起着主导的作用。

除了等级规模的区别以外,大的城市经济区内部往往还存在着不同的城市经济区层次。例如:在以长江三角洲地域为主的上海城市经济区中,可以进一步划分为:①以南京为中心,镇江、扬州为副中心的宁镇扬经济区;②以苏州、无锡、常州、南通为中心的苏锡常通经济区;③以杭州为中心,嘉兴、湖州、绍兴为副中心的杭嘉湖绍经济区;④以宁波、舟山为中心的甬舟经济区。在一定意义上,从第二级的城市经济区中还可细分出第三层次,如宁镇扬地区可横向划分为南京、镇江、扬州三个城市经济区。

城市经济区内部的层次性反映了区域经济联系和传递的多重网络特性。

3. 开放性

承认和组织城市经济区是对传统的以条块分割,以行政区域划地为牢的计划经济运行模式的摒弃。城市经济区是一种开放型的区域经济联合体系,而不是一种封闭性和排他性的区域联系。尽管城市经济区的形成意味着在一定范围内形成的一个统一的共同市场,但从宏观角度看,这个共同体市场是全国统一市场的一个环节,是在市场规律作用下,以地缘接近性而产生的利益机制支配的区域联合行为,它并不排斥共同体内各要素与其他区域间的联合和循环。城市经济在本质上是一种开放型的市场经济,城市经济区较一般经济区更具内在的开放性要求。

4. 动态性

由于城市经济区的开放性,城市经济区的范围界限是模糊的,呈动态发展。随着经济体制和经济运行方式的改变以及中心城市经济实力和服务功能的增强,城市经济圈的范围会相应扩大,区域共同体市场的一体化程度会进一步提高。例如,自改革开放以来,华南地区以香港为核心,广州、深圳、珠海为节点的城市经济圈在珠江三角洲逐步扩展,经济日益走向一体化,其影响范围正在向广东腹地和邻近省份推进。同样,由于浦东的开发和开放,以及上海城市功能的健全化,使得上海在长江三角洲和华东地区的辐射能力和吸引范围也进一步扩大了。

由于城市经济区的这种极点——外围结构,使它比其他一些类型的经济区在功能上和空间上更具动态性。

第二节 城市经济区与中心城市

城市经济区的存在是以区域中心城市的综合性经济功能为基础的。中心城市和城市的经济区域两者高度相互依赖,但中心城市在区域内占主导地位和起支配作用,是研究的重点。

一、中心城市的概念

什么是中心城市，它的内涵是什么，对此学术界有各种不同的看法。比较一致的看法是，中心城市是指在全国或区域经济活动中处于重要地位，具有综合功能，起着经济活动枢纽作用的城市。

中心城市一般都要具备三个方面的条件。

1. 较大的城市规模

中心城市是在全国或大区经济活动中具有重大影响的特大城市或大城市，或是在地区经济活动中起主导作用的中等城市。在严格意义上，即便是小城市或小城镇也都具有在一定地域内的中心作用，但它们不能被认为是中心城市。因为城市规模达不到一定程度，不但经济实力和影响力有限，城市功能也不可能很综合，特别是金融、保险、咨询、科研、设计等部门的高度化、聚集化要求不可能实现。

2. 综合性的城市功能

城市规模本身不一定说明城市的经济中心地位。例如上海、天津等特大城市，尽管在本世纪 20～30 年代就已崛起成为全国和远东的经济中心，但在 1949～1979 年间，由于高度集中的计划经济模式，条条、块块之间相互分割，使城市与区域间横向联系中断，城市的生产功能大大扩张，而综合性的经济功能大大衰退。所以，上海、天津这两个特大城市作为经济中心城市的地位也大大削弱了。

因此，衡量一个城市是否属于中心城市，除了城市规模以外，更重要的标志是城市的综合功能。例如，上海为了实现中央提出的“以上海浦东开发为龙头，进一步开放长江沿岸城市，尽快把上海建成国际经济、金融、贸易中心之一，带动长江三角洲和整个长江流域地区经济的新飞跃”的战略要求，把城市基本功能定位为集散、生产、管理、服务、创新五大功能：①集散功能。在国内外经济活动中有效地实现商品和要素的集中和扩散，成为国内外资金、商品、技术、人才和信息流通的中心；资金运输的调度中枢，大宗商品的交易中心；进出口货物的中转枢纽。②生产功能。充分利用原有的工业基础，从数量的扩张转向质量的提高，着重强调技术创新、产品开发和加工制造能力，形成产业规模大、关联性强、对相关产业带动作用大的支柱产业。③管理功能。成为一批全国大公司、大企业集团总部以及跨国公司总部或地区总部的汇集地。通过这些企业的指挥决策系统，发挥投资决策和产业配置、生产组织的功能。④服务功能。为国内外各类要素自由流动和优化配置提供必需的服务，其中包括：交通运输服务、通讯信息服务、中介咨询服务、会务展示服务和娱乐休闲服务等。⑤创新功能。率先与国际通行的管理制度和管理规范接轨，成为新的城市管理制度和企业制度的发祥地之一。

一般而言，任何中心城市都应当具备集散、生产、管理、服务等多方面的综合功能，但对于各个城市而言，由于规模、性质、发展的阶段等方面会有很大的差异性，所以城市功能的综合性程度、水平和侧重点也应有所不同。

3. 优越的自然条件和经济区位

综观国内外中心城市的状况，它们都有优越的自然条件和便利的交通运输条件，或属铁路枢纽、或属水陆要道、或属沿海口岸，有广阔的腹地，便于加工工业的发展和各项要素的集散。自然条件和区位是一种禀赋,它对于中心城市的形成和发展有着决定性的作用。例如,上海由于位于我国中部长江与海运航线的交点,拥有黄浦江这一天然良港,对内对外联系都很方便,腹地深远,所以1842年"五口通商"后仅十余年,上海就超过了广州这一原有的唯一通商口岸,并很快发展成为当时远东最重要的经济中心之一。又例如,近代的宁波与上海同期开放,但由于甬江航道等级的限制,经济腹地的狭小,所以宁波的发展就较滞后,并很快被纳入了上海的经济影响范围,成为上海经济圈内的一个亚中心区。

在一定程度上,经济区位条件也是可以人为改善的。铁路、高等级公路、空港的建设会大大提高城市的通达性和经济活力,特别是国际空港,已成为现代国际经济中心城市必不可少的条件。

二、中心城市的形成

中心城市不是从来就有的,它有一个产生和发展的过程。自然经济、产品经济的社会不会产生、也不需要具有现代意义的中心城市。

中心城市是社会生产力高度发展和社会分工深化的产物。机器大工业的产生、商品经济的扩大,标志着人类社会生产力水平达到了一个新的高度,社会分工进入了一个新的境界。而生产力的发展和社会分工的深化客观上要求生产相对集中,需要有金融、贸易、运输等功能的发育和聚集。这样使城市不仅在数量上有所增加,而且在规模上也有所扩大。在崛起了一批新的城镇的同时,历史上留下来的城镇变成了小城市,小城市变成了大、中城市。在一个区域的城镇体系中,各个城市处于不同的层次上,其中规模最大、经济实力最强、与外界交往最密切的城市,必然会成为城市群中的中心城市。中心城市往往是由城市群中具备相对最有利的自然、经济、社会、政治条件的城市发展演变而形成的,中心城市是经济增长产生的极化效应的结果,同时又通过商品、要素的扩散和能量、信息的辐射所产生的扩散效应带动城市群和区域发展。中心城市在极化效应和扩散效应的不断交替作用下逐渐扩大规模,增强辐射能力。当少数条件特别优越的城市的经济辐射范围从国内扩展到国际时,就会从国内经济中心城市发展为国际经济中心城市。

中心城市属于社会经济范畴,生产力和市场经济关系的作用和变动对它具有决定性意义。但是,政治和行政的作用、经济运行方式的调控和管理等对中心城市的形成和发展也有着不可低估的意义。我国实行的"市带县"体制改革,对部分重点城市实行计划单列和综合配套改革试验等,大大推动了一批地区性中心城市的形成和强化。当然,对中心城市的"培育"要符合客观规律,要与城市的实力、市场经济发展水平等条件相适应。不当的区域组织方式,会阻碍中心城市功能的发挥,对中心城市实力和能力的不恰当估计,也会造成"小马拉大车"的不匹配局面。

三、中心城市在城市经济区中的作用

中心城市除了自身向社会提供产品、增加财富积累以外,更主要的是在经济区中发挥主导作用和服务作用,这种作用概括起来有以下几点。

1. 合理组织专业化协作生产

经济活动和工业生产的专业化与协作,既是社会生产力发展与社会劳动地域分工的必然结果,又会反过来促进生产力的发展。但是,专业化生产协作的自发性是有局限性的,需要采用恰当的组织形式来促进专业化协作的水平、范围、规模向高层次、合理化发展，从而形成新的生产力。

多年来我国经济运行中是采取条块分开的形式来组织专业化协作的，即由中央各经济主管部门对所属的机构和企业实行重点领导而形成条块，由地方政府对所辖地区的地方经济活动和企业实施切块的管理。实践证明按条块组织专业化协作容易造成"大而全"、"小而全"的状况，导致产业结构的不合理和经济效益的低下。中心城市工业集中，一般都具有较多的门类。因此，一方面它自身迫切需要按市场经济的运行原则，打破条块界限，实行广泛的专业化协作生产；另一方面，它也具有合理组织专业化协作生产的良好条件。中心城市是纵向和横向经济联系的结合部，部门与部门之间、部门与地区之间的经济活动大多要依托城市来实现。在我国的现阶段，承认和突出中心城市的作用，对于打破条块分割，促进现代企业制度的建立，并推动广泛的横向经济联系都具有特殊重要的意义。同时，中心城市经济实力较强，科学技术水平和管理经营水平较高，并拥有一定的优势产业和产品，只要充分发挥市场机制的基础作用，发挥中心和区域各自的比较利益优势，就可以使经济活动的专业化协作分工由点到面、由近及远、由低向高的不断发展，实现城市经济区的一体化。

2. 合理组织商品流通

中心城市一般都具有良好的经济区位和交通条件，有广阔的腹地，并且中心城市在形成和发展的过程中，逐渐具备了作为流通中心所必需的设施、机构和能力。发挥中心城市在组织流通中的作用就是意味着要按商品经济规律组织商品流通，改变按行政层次设立流通机构的管理体制，消除按行政区划建立流通渠道而产生的流通不畅甚至地区封锁等弊端，真正建立起区域的统一市场。

3. 促进周围地区的经济繁荣

中心城市代表着一个国家或者区域的生产力水平，对毗邻的地区和农村的经济发展起着促进和领导作用。这种作用表现在：随着中心城市经济发展和规模扩大，对各种供应和资源的需求大幅度扩张，使得外围地区逐渐得到开发，城乡互为市场、互相依赖；随着中心城市的产业和产业部门高度化、专业化发展，不断向周围地区输出产业，促进地区的工业化和专业化，使中心和外围区纳入统一的物质、能量和信息的循环之中，使各个地区的资源能够得到充分、有效的利用。社会主义市场经济的统一性和国家经济政策的目标要求主观能动地发挥中心城市对农村地区的支持、带动和促进作用，实现区域的持续、稳定增长。

4. 信息交流和传播文明

由于中心城市是区域中与外界有最密切的交流及接受新思想、新观念和新技术最快的地区，中心城市对本区域有着最直接的影响，是培养人才、开发人才资源，传播和交流先进科学技术以及管理经验的基地，是现代文明的示范地，有着很强的效仿效应。

第三节 构成城市经济区的内在要素和区域划分

城市经济区的形成是由于其区内经济、社会、自然、交通、信息等要素对地域的亲疏性作出了定义，城市经济区可以在对这些要素进行分析的基础上，按一定的原则和方法来划分。

一、城市经济区的构成要素

城市经济区的构成要素可划分为以下几项：

1. 经济活动

以中心城市为核心的生产、市场、技术、资金等经济活动所形成的相对紧密圈就是城市经济圈。即使在市场经济的开放性条件下，全国各地区内部的经济活动联系较与外界联系的频度、层次、紧密程度相比都要高。例如，改革开放以来，香港与内地许多城市和地区都形成经济交往关系，但珠江三角洲由于地缘和亲缘上与香港的接近性，在享受沿海开放地带优惠政策的条件下，经济活动与香港尤为密切。这一地区的大量房地产开发是以香港为市场的；香港集中发展金融、贸易、服务业等第三产业，而将很大一部分加工制造业扩散到广东沿海地区。这种经济的直接联系性使得城市和区域相互依存，构成区域共同体。在苏南和浙北地区，许多地方工业和乡镇工业的产、供、销，以及技术、资金等与上海的工业和市场有着密不可分的联系。总之，经济活动在城市经济区的形成中具有最根本的意义。

2. 交通设施系统

铁路和公路等交通设施往往以中心城市为枢纽点，并呈网络布置，许多中心城市也都属于海港或河港城市。铁路的站点等级设置和分布，运行的牵引区的划分，要考虑技术标准的需求，这有一个最佳的服务吸引区范围；公路网的分布和高等级公路的建设，提供了城市活动所对应的时空圈；港口也同样有一个服务吸引区，或称为腹地，如果同一区域存在着多个港口，它们之间需要进行分工协作，作为港口群体共同为一个区域服务。这些既为城市活动向周围延伸提供了可能，又对城市经济区域的范围作出了相对的限定。

现代经济的发展已越来越离不开航空运输的手段，重要的经济中心城市都拥有空港，不同等级机场的分布、分工和服务圈对城市经济区的形成有着越来越重要的意义。经济越开放，与外界的交流循环越多，对航空运输的需求和依赖程度就越高，并使得空港的服务圈逐渐与城市经济区重合。

3. 水利系统

在生产、生活水源的开发、利用及保护等方面，中心城市和其周边地区具有共同的利益和责任，从而使它们的行为具有区域化的特征。

4. 文化联系

由于邻近地区之间人口的迁移，使得中心城市与周边地区呈明显的因地缘接近而产生的亲缘性。加之现代传播媒介如电视、广播、报刊等的作用，使地区间的文化异质性、地域识别性十分明显，这将直接影响到区域经济交往紧密程度的地域差异。而且，历史发展过程中，中心城市与周边区域间形成的较为稳定的文化联系范围一般是不易改变的。所以，文化的联系性与城市经济区的形成也有密切关系。

二、城市经济区划分的原则

城市经济区既是市场经济运行的一种有空间意义的存在，又是一种组织过程。为了促进城市经济区的形成和强化，并设计和实施某种公共的区域政策，就需要对城市经济区作相对的划定。

城市经济区划分的主要原则有以下几点：

1. 与经济中心城市的辐射和吸引能力相结合

城市经济区以经济中心城市为核心，要充分发挥中心城市的综合功能和对地区的带动作用。城市经济区的范围太小会阻碍地区的开发，并反过来束缚中心城市的发展；但范围太大会使区域内形不成真正有意义的联系，使城市经济区徒有虚名。所以不同条件的中心城市应有不同的城市经济区域范围。

2. 与国民经济宏观调控的体制及能力相适应

划定城市经济区的目的是为了设计实施必要的调控措施。划分城市经济区要考虑到运用现有的行政管理体制，或易于构筑必要的管理模式和调控机制，否则对城市经济区运行的必要干预就是一句空话。

3. 地区经济的现状和远景发展相结合

对城市经济区的划分要从调查研究入手，掌握已经形成和既有的社会生产地域分工和经济、社会、文化等的联系，但又要考虑中心城市和地区经济发展的潜力和长远目标、行政管理体制改革的可行性和新的调控机制，以及区域内可能出现的某些重大因素的变化，如交通线路的修建、港口的建立等，使城市经济区运行的现状与远景发展相结合。

三、城市经济区划分的方法

城市经济区和区域中心城市之间的高度依赖性，决定了城市经济区的划分是确定以中心城市为核心、以周围直接吸引地区为腹地，具有密切的经济、社会联系的区域，亦即对中心城市吸引范围的划分。因此，城市经济区的划分不同于传统的综合经济区划。传统的综合经济区划是以生产的地域分工为主要依据，重视区域经济的协调发展，强调区域内经济活动的地域差异和地域联系。而城市经济区划则强调中心城市对区域的作用程度，考虑其对区域经济的带动与组织作用，促进区域一体化发展的格局。

根据中心城市对区域作用的能力和层次的不同，可从两个方面来划分每个层次的城市经济区域范围。

1. 流量法

这是一种根据实际存在的各种物质和非物质流的量和方向来划分的方法。这种方法是基于对城市和区域之间各种社会经济联系的广泛而大量的调查，包括以经济、社会、文化等各方面的联系流，其中以经济为主要调查内容。根据对这几种流处理方法的不同又可分为叠合法和判别分析法等。

这种方法能较准确地反映其现状联系，是一种基本的研究方法，但费时费力，要做大量的调查，而且有些资料也不易取得。

2. 相互作用划分法

这是一种运用理论演绎进行划分的方法。这种方法依据城市与区域的吸引及其空间相互作用理论，并假定中心城市的辐射力和吸引范围的大小与其经济实力成正比，与距离的增加成反比。当距离超过一定限度后，某中心城市对这个区域的影响及经济联系不断衰减，最终被另一中心城市所取代。因此，必然能够在两个中心城市之间找到引力的平衡点，这一平衡点即为同一等级内不同城市经济区的分界。

运用空间相互作用理论进行的城市经济区划在划分方法上主要有重力模型方法，即两个城市吸引范围的分界点可以由下述公式求得：

$$d_A = \frac{D_{AB}}{1 + \sqrt{P_B / P_A}}$$

式中　d_A——断裂点到 A 城的距离；

D_{AB}——两城市 A 和 B 之间的距离；

P_A——较大城市 A 城的人口；

P_B——较小城市 B 城的人口。

这种方法已多次被用来划分或验证中心城市吸引范围。如 80 年代国内即有人根据“断裂点”理论分析浙江嘉兴市在区域经济中的地位，嘉兴市处于上海、杭州两个城市之间，在行政上虽归属浙江省管辖，但在经济上却处于上海市的吸引范围，属于上海城市经济区的一部分，根据公式计算，断裂点在距杭州 51.23km 的地方，大约是海宁市斜桥站西边。由此可看出，嘉兴市及其周围各县、市均处于上海市的吸引范围，嘉兴市的经济发展应更多考虑上海城市经济区对其的影响。

此外，还有引力矢量平衡法和潜能模型法等划分方法。

四、我国的城市经济区划

国内一些学者对我国城市经济区划曾作过许多研究，也提出许多种设想方案。如有人曾对全国的城市选取有关城市经济活动的指标进行聚类分析，确定了全国一级中心城市为上海、北京、天津、广州、沈阳、武汉等。也有学者从建立我国城镇体系分区入手，以经济比较发达的城市为中心，提出了全国九大城市经济区的划分方案，它们是：

(1) 以沈阳为中心，包括黑、吉、辽三省和内蒙古东三盟一市在内的东北城市经济区，它是以沈阳城市群和哈尔滨、长春、大连为核心的工业发达地区；

(2) 以京津唐城市群为中心，包括冀、鲁两省及苏北、皖北、豫东北、内蒙古锡盟地区在内的华北城市经济区，它以黄淮海河流域为主体，包括了整个华北大平原；

(3) 以西安为中心，包括晋、陕(除陕南盆地)、宁三省及甘(肃)东、青(海)东、豫西、内蒙古河套地区在内的西北城市经济区，该区在地理上属于我国的内西北区域；

(4) 以上海为中心，包括沪、赣两省(市)区及苏、皖中南、浙东北在内的华东城市经济区，它是以长江三角洲为中心，以沪—宁—杭—芜城市连绵带为核心的全国最重要的综合性工业基地，也是最大的农业基地和全国的经济重心；

(5) 以武汉为中心，包括鄂、湘两省区及陕南、豫南在内的华中城市经济区；

(6) 以重庆为中心，包括川、云、贵三省及桂西、陇南武都地区在内的西南城市经济区，它是以四川盆地、云贵高原为主体的自然-经济地域单元；

(7) 以广州为中心，包括粤、闽、台、海南四省区桂东、浙南和港澳地区在内的东南沿海城市经济区；

(8) 以乌鲁木齐为中心，包括新疆、青海柴达木盆地、甘肃河西走廊、内蒙古阿盟在内的新疆城市经济区，该区在地理上属于我国的外西北区域；

(9) 由西藏自治区和青海玉树藏族自治州(包括唐古拉山地区海西自治州部分)组成的西藏城市经济区。

在城镇体系中由于存在不同等级的中心城市，也会有不同等级的中心城市吸引范围即城市经济区，往往在一个城市经济区内会有数个二级或三级城市经济区。如我国东北城市经济区中可按行政区界划分出辽宁城市经济区，在该区域中又可依据中心城市的规模、经济实力及其在区域中所处地位和发挥作用的程度，将其划分为三个次一级的城市经济区，即①以沈阳为核心，包括沈阳、鞍山、辽阳、本溪、抚顺、铁岭、丹东、营口等城市在内的中部城市经济区(沈阳城市经济区)，该区包括了辽宁中部、辽北和辽东32个县市；② 以大连为核心，包括大连市及其所辖的瓦房店市、新金、庄河和长海三县及金州、旅顺口、马桥子新区三个辖区的东南部城市经济区(大连城市经济区)；③ 以锦州为核心，包括锦州、锦西、朝阳、阜新、盘锦等21个县市在内的西部城市经济区(锦州城市经济区)。每个城市经济区还可进一步划分为若干个更低层次的城市经济区。

第四节 城市经济区的一体化发展

城市经济区的区域条件和利益的内在同一性决定了一体化发展既是一种必然趋势，也是一种政策目标。城市经济区域一体化发展的基础和重点是经济一体化，同时也涉及到区域城市化、基础设施建设以及环境资源的开发与保护等多层面的一体化发展问题。

一、区域经济结构变化的一般规律

在传统的农业社会中，以自给自足的自然经济占统治地位，商品生产和交换的比重很小，地区间联系要求很弱，作为政治和军事中心的城市在经济方面的影响范围很小。区域的发展就是从这种传统的区域结构向支持现代社会经济发展的以城市为核心的区域结构的转换过程。在一定意义上，区域结构的变化就是一种乡村景观向城市景观转变，城市带动和主导乡村发展的过程。

美国区域科学家弗里德曼(J. Friedmann)对区域结构变化和社会经济发展过程作了经典的理论概括。他指出了在传统社会向现代社会的转变中，区域结构先后经历的三个阶段。

(1) 起飞准备阶段。随着农业劳动生产率的提高，农业逐渐可以为非农业部门提供劳动力、食物、原料和资金。手工业、矿业、小规模原材料工业、简单制造业以及交通运输业应运而生，商品生产和交换不断发展。随着商品经济的发展，自然经济的壁垒逐渐被打破，各种人才、劳动力、资金等自发流向条件优越的地区，一个或少数几个条件优越的地区与其他广大地区开始两极分化，产生一个或几个区域性的、以条件优越地区为中心、其周围地区为外围的二元结构。中心区内集中了现代的经济部门，生产率较高，外围区传统部门、初级生产部门集中，生产率低。因此劳动力、资本、原料、市场由外围向中心区转移，中心区逐渐发展，但外围区相对停滞不前，地区间的差距扩大，并可能破坏传统的社会和政治稳定性。

(2) 起飞阶段。在社会经济发展进入社会经济结构和生产方式剧烈变动的阶段，中心区经济迅速发展，对资源需求大幅度扩张，地区之间的相互交流、相互作用不断加强，许多外围地区逐渐得到开发，它们不仅成为老中心区的原料基地或产品输入输出的窗口，而且逐渐成为其周围地区的次级中心。因此，外围区在中心区之间不断被重新瓜分和组合，单核的中心-外围结构逐渐转变为主中心和副中心相互依赖的多核结构。

(3) 成熟阶段。随着社会经济发展进入持续增长阶段，不同中心区之间的外围区逐渐被纳入中心区的物质、能量和信息的循环之中，全国范围内的经济被融入一个统一而又相互依赖的体系之中，国民经济在空间上实现一体化。

显然,国民经济在空间上一体化的过程中,城市经济区的中心与外围结构是一个最敏感的部分,并率先实现一体化。

二、城市经济区的一体化发展

城市经济区的一体化发展是一种广泛而复杂的地域过程,不同城市经济区在不同的发展阶段有不同表现内容。一般而言,主要有五个方面的内容组成,即生产要素市场一体化、产业发展一体化、城市化发展一体化、基础设施建设一体化、环境资源开发和保护一体化。其中生产要素市场一体化是城市经济区一体化的基础,其本质就是使资源的配置不断优化调整和重组,产业发展一体化是要素市场一体化的实现形式;城市化发展一体化是经济发展一体化的空间载体;而基础设施建设和环境资源开发、保护的一体化是城市经济区高效率运转的条件和可持续发展的保障。这五个方面相辅相成,共同组成城市经济区一体化发展的主要内容和目标。

1. 生产要素市场的一体化

生产要素市场一体化的具体表现是城市经济区内地区之间、城乡之间生产要素的自由流动,在市场经济条件下,资源、资金、劳动力、技术手段等生产要素总是具有向能取得最大效益的区位流动的趋势。这是由于各地区间比较利益的客观存在,从而形成地区间生产要素的流动性。

从理论上讲,在一个完全开放的现代经济条件下,生产要素可以在全国,甚至全球自由流动。但由于客观存在的各种经济和非经济的障碍和壁垒,使得全国和世界经济一体化的实现还只能处于有限度的阶段。地区经济一体化在一定意义上是全国和全球经济一体化的一个发展阶段,且由于地理上的接近性和利益上的共同性,地区经济有条件率先实现相对较高程度的一体化。

城市经济区内生产要素流动的方式有多种,主要有横向间经济技术协作所产生的联动型流动方式;城市与区域或城乡间经济技术联系所产生的带动型流动方式;由市场因素所产生的拉动型流动方式三种。其中联动型流动方式常常会带有行政导向和干预等非经济因素;带动型流动方式基于区内发展水平和条件的梯度差而产生流动引力和推力,是中心城市与区域经济相互作用的必然结果;拉动型流动受市场因素决定,排斥非经济因素,是生产要素流动的高级形式,对区域经济发展具有深刻影响,是推动产业结构高度化与产业合理分工和最终实现城市经济区一体化目标的关键。

2. 产业发展一体化

城市经济区产业发展一体化的具体目标是形成一个优势互补、合理分工、协调发展的产业布局体系,这个体系涉及到中心城市和其经济区域间产业的横向分工和纵向分工,这种分工在现阶段很大程度上体现为城乡间的产业分工协作关系。

城乡间产业横向一体化首先涉及城市和乡村各自的主要产业部门的选择。一般而言,城市产业选择的准则应该是高度化、集约化和服务化。关于选择农村主导工业部门和协调农村工业结构,有学者认为在现阶段必须优先考虑以下四个基准:① 比较劳动生产率基准。即要选择比较劳动生产率较高,能够给农民带来更多经济收益的部门,这是农村工业发展的内在驱动力;② 劳动力吸纳基准。因为考虑到农村劳动力的严重过剩及资本的严重短缺所造成的劳动力与资本的机会成本不一致,选择吸纳劳动力较多的部门,对农村工业本身的发展是十分有益的;③ 与农业关联效应大小的基准。由于农村工业根植于农村,应充分考虑利用农村得天独厚的农副产品资源,选择与农业关联效应较大的部门和产品的生产有利于充分发挥优势;④ 与整个工业结构协调基准。由于农村工业是整个国家工业体系中的一个重要组成部分,把农村工业主导部门的选择及结构的优化与整个国家工业结构的协调结合起来考虑,是形成合理的城乡工业横向分工的一个重要条件。

在城市经济区内城市和区域工业横向分工的内容,除了两者主导部门选择的侧重和协调外,还包括在同一产业、行业内部,根据城乡各自的技术和经济实力,使其在不同层次需求产品的生产上,实现合理的横向分工。中心城市的产业和行业转换是城市活力的体现,是一个历史性的持续的现象。在城市经济和工业高度化过程中,将一些技术需求层次较低的产品生产,例如处于产品生命周期成熟阶段的产品,或新兴产业中已经标准化、劳动密集型的产品等生产向区域扩散,这是完全可能的和必要的,这种分工将促进区域经济的联合和协调。

城市经济区内产业的纵向分工,是指按产品生产的不同工艺过程所进行的分工,这是一种更高级的分工形式。许多工业产品的生产过程都具有技术和工艺上的高度可分性特点,例如,在某些机械产品的整个生产过程中,可能会包括数十个甚至上百个不同的生产工序。一般来讲,这些不同的过程对技术和经济规模的要求是不相同的。适应这一特点,使不同技术水平和规模的企业在产品生产工艺过程中实行合理的分工,则可以提高生产过程的专业化程度,使不同技术水平和规模的企业实现优势互补。通过这种方式,可以把大量城镇和农村中的中小工业企业有效地纳入到以中心城市为龙头的现代工业化的轨道上来,实现区域工业结构的整体高度化,实现城乡工业产业的一体化发展。

3. 城市化发展的一体化

城市化发展一体化是区域经济一体化的空间依托和表现形式。由于城市经济区的工业化程度和总体经济实力相对较强,所以城市经济区通常是区域中城市化程度最高、城市化进程步伐最快的地区。

城市经济区内城市化发展的一体化,是区域社会经济高效、有序发展的必然要求。

我国的城市化进程在50年代以来的大部分时间内是滞后于工业化进程的,80年代初以来的农村工业化迅速发展使城市化滞后问题更显突出。工业化的超前、城市化的滞后,虽然避免了农村人口向城市大规模迁移,但可能会对城市造成种种不利影响,也使农村付出沉重的代价。农村劳动力高度分散式的就地转移,是导致耕地面积锐减、农村生态环境恶化的重要原因之一。乡镇工业高度分散在较封闭的乡村,不易提高技术素质并充分享受规模经济和聚集经济带来的好处,使城乡工业间的分工联系也难以高效率地实现。

城市化是任何国家现代化过程中不可逾越的一个发展阶段,是工业化发展的不可替代的载体。实践表明,不可能将伴随国民经济发展的结构性变化而产生的就业结构的现代化过程主要归结为农民在农村内部向非农产业转移的过程,走一条非城市化的工业化和现代化道路。

综观发达国家城市化发展的历史进程,随着城市化水平的不断提高,在一些国家中城市人口的空间分布经历了一个先集中、后分散的过程。我国在城市化过程中面临着与发达国家截然不同的背景条件,其中主要是不利的人口环境,我国将长期面临着沉重的人口压力;其次是不利的工业化环境,工业发展面临着资本积累严重不足的限制。在这一特定的背景下,我国不能简单地沿用某些发达国家的发展模式,待城市化达到相当高的水平后,再来实现地域的均衡发展。农村内部强大的城市化推力与大中城市有限容纳力之间的严重不平衡,使得我国在城市化的前期,在以集中型城市化为重点的同时,必须对小城镇的发展给予很大的关注。

相比较而言,城市经济区的城市化聚集度应较高,区域内农业人口在向非农业人口转化的过程中,应合理地流向区域中心城市、各中小城市以及小城镇。城市经济区城市化发展的一体化表现为农村人口有序地向城市流动,形成与区域经济一体化相适应的区域城镇职能体系、规模等级体系和空间结构。

4. 基础设施建设一体化

现代化的基础设施包括了交通运输、通讯、能源供应等多项内容,它们是城市经济赖以生存和高效率运转的基本条件。城市经济区内部以及与外部的关系上都是开放的,交通信息系统必须形成为统一的网络,才能使城市经济区的内部联系和与外部世界的联系得以实现。

铁路、公路,特别是高等级公路的完善和配套将大大改变城市经济区内联系的时间、空间距离,使要素和商品的地域流动时间和费用大大减少,从而为区域市场一体化的实现创造条件。如果在交通设施建设上各搞一套,各管一段,甚至乱设关卡各防一方,就会破坏区域经济的统一性。

机场、港口等是城市经济区与外部联系的重要手段。由于机场、港口建设选址的条件严格,建设费用巨大,且要有一个区域性的服务范围来支持,所以要有区域的协调和安排。例如,目前上海虹桥国际机场就是一个为区域性服务的空港,结合浦东开发,上海还要在浦东建成第二国际机场。国际机场大型化,并依托国际大都市,这是许多国家的成功经验。上海的机场不仅要为上海这一国际大都市服务,更要为以长江三角洲为核心的整个上海经济区域服务。如果长江三角洲各个大中城市都要建国际机场,势必造成资源的浪费,并且在机场作业、客货运的经济规模、环境影响等方面将产生不利的后果。国内其他一些城市经济区已经面临这一问题。

除了机场以外,港口在地区外向型经济的发展中同样具有十分重要的作用。加强港口开发建设的区域合作,克服各局部地区现有既得利益分配格局的矛盾,走统一规划、联合建设、联合经营之路,这是外向型经济发展及区域经济一体化的客观需要。例如从当前上海经济区内港口群体发展现状看,上海港作为区域首位港,其进一步发展明显受到港口吞吐能力不足及缺乏深水泊位的制约。建成大吨位的深水集装箱中转枢纽港是上海经济区进一步发展的大趋势,是区域共同的利益之所趋。因此,当前长江三角洲地区港口建设必须解决的一个问题就是加强区域合作,在区域范围内选择港址,加以重点开发和联合开发。此外,加强上海与区域其他港口,如南通港、张家港、北仑港、乍浦港等的联系,统筹规划和管理,对于缓解上海港的压力,发挥港口群体优势也有积极意义。

此外,必须加强邮电通讯的区域合作,建立以中心城市为枢纽的统一邮电网络。随着现代科技水平和信息产业的迅速发展,邮电通讯的作用已日益突出,并成为商务活动和生产、生活中的不可缺少的媒体。因此,加强区域合作,形成市话、农话、长话三者合为一体的统一电话网和数据信息通信网,无疑将对城市经济区的一体化发展起到重要的推动作用。

5. 环境资源开发和保护的一体化

大气、水源、土壤以及岸线、滩涂、自然风景区等都是宝贵的环境资源，这些资源都具有稀缺性的特点，对它们的开发会产生外部效果。例如，有污染的废气、废水排放会影响下游和周边的地区；岸线作了生产性用途就会减少生活性用途；滩涂湿地被开发利用后会影响自然生态环境；在使用同一地下水源的区域，某地过量开采地下水，就会引起整个区域地下水位的下降，并可能造成地面沉降和海水入侵。所以，对环境资源的开发和保护直接关系到整个区域的利益，需要有区域性的合作和统一行动。

由于经济的发展，我国目前许多城市化和工业化相对较发达地区都面临着大气和水资源的污染问题。这些问题的解决需要中心城市和地区各方面的共同重视和协同努力。例如京、津、唐地区的水源保护、开发、供应，以及南水北调等都是区域性的问题；上海正面临着严峻的城市供水和水源保护问题，但这个问题又涉及到整个太湖流域。随着经济的发展，特别是苏南和浙北地区乡镇工业的迅猛发展，太湖流域的水污染日趋严重，地处下游的上海与上游地区在产业发展、水环境保护和水污染治理方面需要密切配合与协调才能奏效。而太湖水系的防洪抗灾也是一个涉及跨越行政区的巨大工程，在整个上海经济区内有许多配套工程要上马，要有统一的运行调度才能解决水患。

城市经济区的一体化发展涉及到经济、社会和环境的各个方面，并有赖于市场机制的健全和政府调控机制的完善。

本章提要：

本章从城市与区域相互关系的角度，介绍了经济区和城市经济区的基本概念，论述了构成城市经济区的内在要素和划分标准及方法，并重点论述了中心城市及其在城市经济区中的作用，提出了城市经济区一体化发展的具体内容。

参考文献

1. 陈吉元，韩俊主编. 中国农村工业化道路. 北京：中国社会科学出版社，1993 年
2. 艾德加·M·胡佛，弗兰克·杰莱塔尼. 区域经济学导论. 上海：远东出版社，1992 年
3. 顾朝林. 中国城镇体系——历史、现状、展望. 北京：商务印书馆，1992 年
4. 辽宁省建设委员会等编. 辽宁城镇布局研究. 沈阳：东北工学院出版社，1993 年
5. 上海市《迈向 21 世纪的上海》课题领导小组编. 迈向 21 世纪的上海. 上海：上海人民出版社，1995 年
6. 杨开忠. 迈向空间一体化. 成都：四川人民出版社，1993 年
7. 姚锡棠主编. 迈向 21 世纪的浦东新区——发展战略研究. 上海：上海人民出版社，1994 年
8. 叶维钧等主编. 中国城市化道路初探. 北京：中国展望出版社，1988 年
9. 于洪俊，宁越敏. 城市地理概论. 合肥：安徽科学技术出版社，1983 年

第六章　区域研究与区域规划中的方法论

第一节　区域研究与区域规划方法

本节并不直接阐述区域研究与区域规划中的具体技术操作手段，而是提供一种观察区域问题的角度、整理思维的途径、思考问题的方法、认识问题的观念和解决区域问题的思路。

一、信息方法

信息，最早是通讯技术上的一个名词。信息论科学诞生后，信息被解释为用符号传递的、接受者预先不知道的情况。以后，将这个定义推广，信息被表述为客观世界带有某种特性的讯号。客观世界本身就是各种信息的发射源，人们正是通过这些信息来认识世界的。

按照信息论观点，信息是任何系统维持正常的有目的性运动的基础条件。任何实践活动都可简化为三股流：即人流、物流、信息流，其中信息流起着支配作用，它调节着人流和物流的数量、方向、速度、目标，驾驭人和物进行有目的、有规则的活动。

信息是区域系统的重要资源，是反映区域特征的主要手段。离开了信息，就无法对区域产生认识，更无法对区域进行研究和规划。

因此，对有关的信息进行采集、处理和利用，是开展区域研究和区域规划必不可少的过程。

1．确定正确的信息采集方法

区域信息包罗万象，覆盖面极广，如全部予以收集，耗时长，耗费大，因而不具现实性。故必须对其筛选，选最具有影响力和代表性的信息。这是充分利用信息的必要前提。

2．信息的处理

信息在未处理前，还是一大堆纷繁复杂、彼此间联系松散的、片断的资料和数据。必须对其进行有效地处理，包括明确信息的类型、界定范围、相互之间作用……等等，目的是使之简明、扼要、清晰、条理化。这是利用信息的必要的中间过程。

3．信息的传播

采集处理后的信息已经具备了一定的利用价值。要使其利用价值得到实现，还必须借助于迅速可靠的传播媒介和传播手段。这里要强调的是信息的传播对象不仅是区域研究、规划、管理、建设部门和有关的决策部门，还应扩大至广大市民阶层。这是真正高效利用信息的正确途径。

4．信息的利用

信息的利用是整个问题的核心，信息不被利用其价值就无法体现。往往出现这种情况，当必须对重大问题决策时，并未主动积极地采集分析有关信息，而是凭主观经验“模糊决策”。因此，有必要强调区域规划、管理、建设部门对信息的自觉利用。

5. 信息的管理

信息的采集、处理、传播等应形成专门化、规范化、标准化,国内统一联网,并应争取与国际信息体系接轨。经常可以发现,国内外信息在较大程度上无可比性,不利于进行更深层次的区域研究。当然,国情的差异也在一定程度上决定了国内外信息各个方面的差异。但注重这一问题,将有利于区域比较研究的顺利开展。

二、因素方法

因素是构成事物本质的成分,它是决定事物运动方式和特征的原因和条件。只有通过分析研究区域的各种因素,才能正确认识区域的本质,从而正确地进行规划。

因素可以视其作用的强弱、范围的大小分成如下几个方面:

1. 主要因素与次要因素

虽然因素的含义是"构成事物本质的成分",但在构成事物的过程中,各个因素的重要性程度是互有差异的。从这点出发,可以将因素分成主要因素与次要因素两类。主要因素在决定事物的本质和事物的运动方式的过程中起了决定性的作用,而次要因素则在此过程中不起决定性的作用。

在区域研究和规划过程中,人们首先需要辨别和认识组成区域的各种因素(元素),为了完整和全面地认识区域,应不遗漏每个因素。然而,由于区域的高度复杂性,以及这些因素本身就具有主次区别的特点,人们不可能也不必要以同等态度对待每一因素,这就带来如何分析、判断组成区域因素中的主要因素、次要因素的问题。

在区域研究与规划的实践中,人们已对此引起重视并付诸实践。如为了反映区域"经济规模",首先必须根据"经济规模"概念的含义,罗列出所有与"经济规模"有关的因素与指标;其次应对各指标赋以不同的权重,以反映每个因素在"经济规模"这个问题中的地位与作用。又如在分析城镇在城镇体系中的中心性强度(指城镇在城镇体系功能组织和区域开发中地位与综合实力)时,首先应选择反映城镇中心性强度的因素,然后应给出各因素对城市中心性强度的贡献率(权重),接下去才能进行进一步的计算和分析。

由此可见,权重是某一问题所包含因素的重要性程度的判定,也是划分主要因素与次要因素的具体工作步骤和成果。

2. 影响因素与制约因素

影响因素是在事物发展过程中所有与之发生作用的因素,制约因素则是对事物发展的方向、速度及特征起决定性作用的因素。

在区域研究和区域规划中,有必要认清哪些因素是区域发展的影响因素,哪些是区域发展的制约因素。如对城镇居民点布局而言,其影响因素包括资源分布条件、自然地理条件、人口分布条件、交通条件、工业分布条件与原有生产力布局的基础和科学技术发展的水平等。但对于一个特定的区域,在一个特定的历史时期内,以上这些影响因素将有若干个属于决定性(制约)因素,其余则为从属性因素。

因此,在区域规划中,影响因素反映了事物涉及的各个方面,而制约因素则反映了一定时期内对事物起决定作用的因素。无疑,为了科学地进行区域规划,划分和区别影响因素及制约因素是有其意义的。

3. 外部因素与内部因素

对外部因素与内部因素可从空间意义与一般意义两方面去认识与理解。

以城镇体系为例,在它发展过程中,就一直受其外部区域发展条件与环境的影响与制约,包括区域自然条件、区域资源、区域人口分布、区域交通条件、区域生产力发展水平、区域生态环境质量等在内的因素构成了城镇体系发展的外部环境。而城镇体系发展的内部因素则是城镇体系本身所处的发展阶段、经济和社会发展水平、城镇建设发展条件等。可以发现,城镇体系发展的外部与内部因素在构成内容上具有一定的相对性,只是在范围上有大小的区别。

从一般的意义而言,事物的外部因素指对事物发展过程起着间接、次要作用的因素,内部因素则是对事物发展起着直接、重要作用的因素。如研究城市综合效益水平的影响因素时,发现城市职能特征、城市人口规模、城市用地规模是影响城市综合效益水平的外部因素;而城市活动能力、城市组织效应则为影响城市综合效益水平的内部因素。这是因为一个系统的运动状况从其内部来考察,要受两方面的影响:一是组成该系统的各个因素的素质、质量情况;二是这些因素之间的关系的协调程度。城市活动能力即是城市系统各元素质量和素质的总和,而城市组织效应则为系统各元素之间不同的协调程度对系统整体运动产生的不同的反应和效果。

三、关系方法

关系是事物之间相互作用、相互影响的类型。它表明了事物与事物之间的各种性质的联系。

人们要认识一事物,除了分析、解剖事物的组成元素外,在很多情况下还需从认识、分析这一事物同其他事物的关系类型及其特征入手。可从如下几个方面认识关系分析方法。

1. 函数关系与相关关系

函数关系也叫因果关系和确定性关系。当有两个变量 X 和 Y,对于某一范围内的 X 的每一个值,Y 都有一个或几个值和它相应,Y 就是 X 的函数,X 与 Y 也就构成了函数关系。如自由落体运动中,物体下落的距离 S 与所需的时间 T 之间,就为函数关系,S 随 T 值而变。

相关关系是因素之间具有不完全的因果关系和非确定性的关系类型。以 X,Y 的变化为例,当 X 变化时,Y 可能变化,也可能不变化;或在大多数情况下变化,但变化的方向和幅度却并不固定。这样一种关系类型,即称作相关关系。人的身高与体重关系即为一种相关关系。一般情况下,身高增加,体重也随之增加;但身高增加并非是体重增加的唯一的原因。同样的身高可能有完全不同的体重。

在自然界中,相关关系占据了主要的地位,具有相当的普遍性。区域规划中,许多因素之间的关系类型就是具有明显的相关关系特征。如城市人口与城市用地、城市人口与城市交通量、工业产值与工业耗水量、工业产值与污染程度、城镇化水平与地区综合发展水平……等皆属此类。

2. 独立型关系与非独立型关系

独立型关系是指组成事物的因素之间互相独立,彼此不发生联系,不能互相代表。非独立型(联系型)关系则是因素之间互相依赖,互相联系,每个因素具有不同程度的代表性(一个因子可以代表若干个因子)。因子之间非独立型关系的存在决定了在分析事物时可以进行因素的筛选。如男子买衬衣一般以领口尺寸为代表,而不需报其他如袖长、胸围、衣长、肩宽等尺寸,这即是因为领口尺寸这一因子在诸因子中具有最大的代表性,它可以代表其他各个因子,这是有关研究机构进行了十余万人的身材数据调查之后得出的结论。这表明联系型关系类型的存在可使在组成事物的众多因素中筛选出最具有代表性的因素作为分析对象,从而既大大减少了工作量,又不影响结果的精确性。同时,独立型关系的因素因其既不能代表它者,又不能被它者所代替,因此不可省略和忽视。

在区域研究、区域规划的城镇体系综合发展水平评价中,当根据问题的意义罗列出所有有关的评价因素后,可判断每个因素的属性。如属于独立型关系的因素则不可省略,而属于非独立型的因素则可在其中挑选若干有代表性的因素,以减少工作量。

3. 交叉关系

交叉关系是事物之间相互作用、相互影响的方向和方式呈重叠和穿插特征的关系类型。从交叉学理论而言,组成一个系统的因子要构成交叉关系,必须满足如下条件:系统状态所达到的水平必须是各因子交叉作用的结果,且其中只要一个因子固定不变,则交叉效能(结果)就会饱和,不再提高。这表明交叉效能受最弱因子的制约,独自亢进因子其贡献率不会增长(图 6-1)。图中三圆分别代表构成系统的三个部分,三角形为三部分交叉结合后的新效能。(a),(b)中三圆的和值相同,但分布不同,因此交叉效能大小不同,可以看出(b)图中最小的圆使三角形面积减小,这表明系统的交叉效能要受其最弱部分的制约。

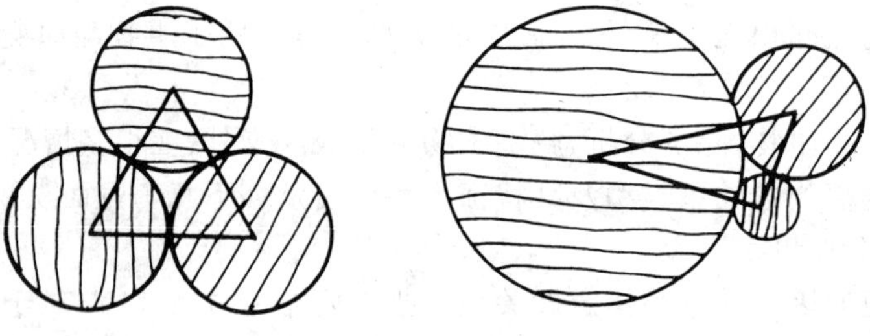

(a) (b)

图 6-1 系统交叉效能示意

在分析城市及区域发展过程中的综合效益时,依据交叉关系的原理来认识就可发现:城市综合效益不是经济效益、环境效益、社会效益的简单加和。城市综合效益既有其组成因素如经济、环境、社会效益的成分在内,又有三者交叉结合之后新产生的内容。城市综合效益水平的高低既取决于其三个组成因素本身水平的高低,又取决于三者交叉作用后的结果。其中很重要的一点即是:城市综合效益水平要受其组成因素中最弱部分的制约。

4. 制约关系和反馈关系

当甲事物本身存在和变化以乙事物的存在和变化为条件,则称甲事物为乙事物所制约,二者之间存在着制约关系。具体说来,制约关系有如下几种情况。

(1) 甲制约乙

甲变,乙亦变。其中,甲增大,乙随之增大,谓之正向制约,或称正相关;甲增大,乙随之缩小,谓之反向制约,或称负相关。不管正向制约,还是反向制约,都属于单向制约,甲相当于自变量,乙相当于甲的函数。

(2) 乙制约甲

整个过程与第一过程相同,只是甲、乙互换了位置,是上述函数的反函数。

(3) 甲乙相互制约

这种关系与单向函数关系相对应,可以称为相向关系。即:甲变,乙随之变;乙变,甲亦随之变。相互制约的特点是,甲乙互换位置后,关系不变,而不存在正反交叉相互制约。例如,甲增大,导致乙增大;乙增大,导致甲也增大。而不存在乙增大,导致甲缩小的情况。

在现实世界中,还存在这样的关系:甲变,乙随之变,这是先发生的主导过程。乙随甲变化后,反过来作用于甲,从而导致甲发生变化,这个过程称之反馈。

反馈,本是电子学中的术语。在电子管和晶体管电路中,将输出端信号的一部分回输给输入端,这个过程称之为反馈。如果反馈后,输入信号增益,称为正反馈;反之,如果输入信号衰减,称之为负反馈。在自然界中,反馈是多因素的复合反作用过程,很难出现正反馈,大部分都是负反馈,以至于反馈已与负反馈同义了。

自然界中的反馈现象十分普遍。恩格斯在《自然辩证法》中曾有一段精彩的描述:"当西班牙的种植场主在古巴焚烧山坡上的森林,认为木炭作为能获得最高利润的咖啡树的肥料足够用一个世纪时,他们怎么会想到,以后热带的大雨会冲掉毫无掩护的沃土而只留下赤裸裸的岩石呢?"恩格斯描述的这个过程,是自然界报复人类的典型负反馈过程。

城市及区域中,负反馈现象随处可见,各种城市病,都可以看作是城市过度发展的反馈后果。例如,汽车是运输和代步的方便工具,但城市中汽车过量发展,将反馈产生光化学污染和交通状况恶化。再如,努力提高卫星城市的现代化水平,目的是分散大城市的人口压力,结果却成了新的吸引中心,引来了大量农村人口,大城市反而变得更大了。

在研究工作中,注意反馈关系,可以使区域系统的许多实践活动防患于未然,可以使规划工作更加周全细致。

在区域研究中,认识区域组成因素及区域与外部环境的关系类型及其特征是十分重要的工作,它能使规划者对区域的认识具有条理性。同时,也应该认识到,区域组成因素关系类型的发现及类型的判定并不是最终目的,重要的是找到反映区域发展因素之间关系的表达式(并非完全是定量的表达式),以便规划者利用这些表达式预测未来发展趋势,指导规划的进行。

四、类型方法

将客观世界中具有共同特征的事物所形成的种类与其他事物及种类区别开的方法称做类型分析法或分类分析法。分类也是讨论不同类事物的特征和确定事物之间相似性和差异性的基本手段,各个学科进行科学研究时都离不开分类。

在科学发展中,这一方法得到了广泛的应用、占据了重要的位置。如笛卡尔用分类的方法研究了曲线,他将曲线划分成"几何曲线"和"机械曲线",使曲线的研究走进了一个新天地。又如生物学发展中,产生许多种研究方法,在每个历史阶段都有一二种起带头作用的方法,它们对生物学发展产生了重大的影响,促进了其他诸方法共同进步,其第一个带头方法即是分类方法。从生物学发展的历史看,分类是将大量的生物种类条理化、系统化,为生物学的进一步研究创造了条件。据现阶段的统计,植物有 100 多万种,动物有 30 多万种,微生物有 10 多万种。要对这么多的生物进行研究,首先是分类。在这个意义上,分类方法也是生物学其他许多方法的基础。

在区域及城市研究中,分类方法也得到了广泛的应用,这不仅因为它是人们多侧面、多角度地了解区域及城市现状的方法之一,也是研究深入进行的有效手段。

如研究城市结构时,将城市结构从不同角度进行分类,如经济结构、土地结构、人口结构、交通结构;隐性结构和显性结构;上部结构和下部结构;内部结构和外部结构等。又如研究城镇体系也首先从分类角度进行,按照城镇职能、城镇规模、城镇地理位置、城镇发展阶段对城镇体系进行类型划分。

五、状态方法

状态是物体现有情形及其在一定范围内的地位和所起的作用。事物发展的状态,通过事物的发展水平、发展程度、发展阶段、发展强度、发展密度、发展速度等多方面得到体现和反映。

从发展水平与发展程度而言,其有高、中、低的差别;从发展阶段而言,一个事物一般都经过产生、低速成长、快速增长、鼎盛、下降、衰亡(复苏)等的循环过程;从发展强度、发展密度、发展速度等而言,都有大↔小、高↔低、快↔慢的变化。

在许多情况下,事物的状态可由事物的特征得到较完整和全面的反映。特征是从整体上把握认识对象的一种归纳方法,是人们对客观对象认识的一种抽象。特征具有优、劣之分,前者反映了事物好的方面,后者则相反。特征也有特殊性和普遍性之分。

事物的发展状态只有在一定的参照系中才能被人们所认识,参照系有两类,其一是事物以其自身以往状态作为参照,从而得出现今状态与以往状态的差异;其二是事物以周围范围、其他层次作为参照系,将自身状态与这一参照系作出比较,然后得出自身状态现行特征。

事物的状态从与规范、标准的关系看,又可分为相对状态和绝对状态两类。相对状态是事物的现行数量与质量特征在无规范标准的比较匡定下以相对值、序位置形式表现、反映的情况;而绝对状态则一般指事物的现行特征与规范标准比较匡定后得出的肯定性结论。

从发展角度看,事物的现行状态既是其以往状态的积淀所致,同时又对其今后发展的趋势产生重要的影响。因此,把握事物现今状态的特征,是预测及设定其未来发展轨迹与发展状态的必要途径。

在区域研究及区域规划中,很多分析论证工作实际上是对区域现行状态的表征和认定。如在区域城镇体系规划中,对城镇体系历史发展过程的分析实际是对其以往状态的表征;而对城镇体系现状的分析是对其现今状态的认定;至于对城镇体系规划的种种设想则是对其未来状态的预测。

六、决策方法

在事物的发展过程中,决策是一个重要的环节,人们只要有改造客观世界的行为,就必然会产生决策要求。与决策行为整个过程有关的包括决策模式、决策技术和决策程序等。

决策模式是人们对决策行为全过程的总体框架的把握,决策技术是完成决策行为的必要保证,而决策程序则是决策全过程实际进行的具体步骤(图 6-2)。从决策程序看,可将决策行为分为 8 个步骤。

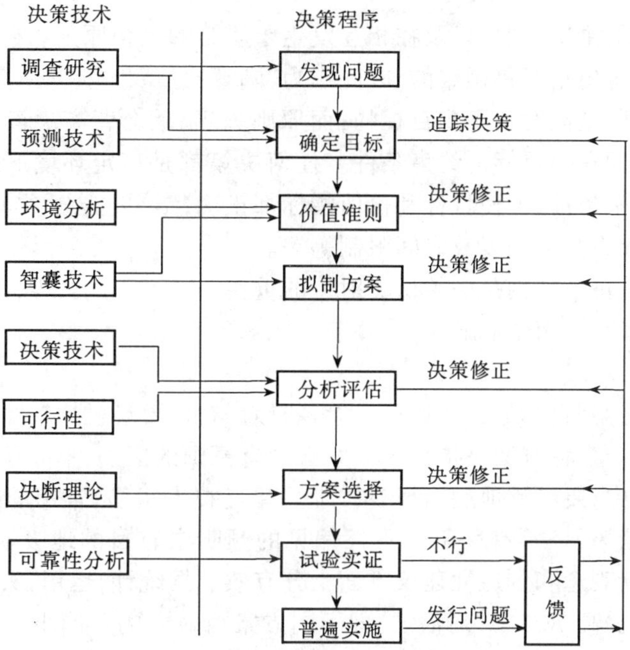

图 6-2　现代科学决策程序图

1. 发现问题

所谓问题，就是应有现象和实际现实之间出现的差距。所有决策工作的步骤都是从发现问题开始的。发现问题不容易，确认问题更不容易。不同层次的问题可能有不同的判断标准，位于下一层次的标准决不可与上一层次相抵触。

发现问题可用多种方法，除上述介绍的如因素、关系、类型、状态等方法外，比较也是常用的方法之一。比较是就两种或两种以上事物辨别异同或高下的方法。在现代，比较方法已发掘出许多其他方法无法揭示出的现象和规律，它在寻找新知识生长点方面是一个有力的工具。在总结人类文明发展、论述科学概念时，比较方法给出的论据相对最具说服力。许多科学新论的确定，旧论的否定，常常是由比较方法来完成的。所以，近年来比较分析方法具有了很强的通用性，被广泛用于自然科学和社会科学领域中，并且形成了门类众多的比较学学科，在区域研究与区域规划中也广泛运用了比较这种方法。

比较方法有纵向与横向比较两种，横向比较是指在同一时间刻度上对不同对象的比较，它切取的是事物的横断面，寻求的是各个事物之间的差异。纵向比较是沿着时间顺序，在发生发展程序上对事物的异同点进行比较。纵向比较动态性强、趋势性强、预测性强。

2. 确定目标

这是科学决策的重要一步，它会影响到决策的整个过程。所谓目标是指在一定的环境和条件下，在预测的基础上希求达到的结果。它有三个特点：一是可以计量其结果；二是可以预定其时间；三是可以确定其责任。在这一阶段需采用科学调查和预测这两种方法。

3. 价值准则

价值准则就是落实目标，作为以后评价和选择方案的基本判据。它包括三个方面的内容：①把目标分解为若干个层次的确定的价值指标。这些指标实现的程度就是衡量达到决策目标的程序。每类价值指标可分解成若干项，每项又可分成若干条等等，构成一个价值系统。②规定价值指标的主次、缓急以及在相互发生矛盾时的取舍原则。在大多数情况下，要同时达到整个系统的价值指标是困难的，因此作为“满意决策”，掌握这一条十分重要。没有主次、缓急和取舍原则，是绝对达不到目标的；而原则失当，就会背离决策目标，造成十分有害的结果。③指明实现这些目标的约束条件。任何决策都是一定环境下的决策，不可能是随心所欲的。不顾约束条件，即使目标和价值指标都正确，结果也会适得其反。约束条件主要有资源条件、决策权力的范围以及时间限制等等。

对于决策者而言，价值准则是必须认真对待的重要一环。准则失当，决策就不可能很好达到最初确立的目标，甚至南辕北辙。

4. 拟定方案

拟定方案是寻找达到目标的必要途径。途径有效与否，要经过比较才能鉴别，必须制定多种可供选择的方案。多种方案是指每个方案必须有原则的区别，不只是细节的差异。

在拟制多种方案中，要广泛地运用智囊技术。智囊技术很多，常用的有“头脑风暴法”、“对演法”等等。“头脑风暴法”有助于在不怀偏见的倾听中有目的地吸取决策所需要的东西，这种方法在寻找新观念和创造性建议方面十分有效。据统计，运用“头脑风暴法”比一般会议产生方案效率可提高70%。“对演法”即不同方案由对立的不同小组去制定，然后开展辩论，互攻其短，以求充分暴露矛盾。或者预先演习一个方案，故意设置对立面去挑剔。通过这种方法得以尽量考虑可能发生的问题，从而使方案越来越完善，这种方法在进行竞争型决策时尤为重要。在制定方案中，创造性的见解具有关键的意义。因此，开发创造性思维方法，也包括在智囊技术中。

5. 分析评估

即建立各方案的物理模型或数学模型，并求得各模型的解，对其进行评估。这一阶段中，依靠“可行性分析”和“决策技术”(包括“树形决策”、“矩阵决策”、“统计决策”、“模糊决策”等)这两种技术，不仅使各种方案的利弊得以科学地表达，而且尽量地相互比较。

6. 方案选优

方案选优即是从各种可供选择的方案中权衡利弊，然后选取其一，或综合成一，这是一项极其复杂的工作。因为作为最后选定的方案，并不一定对每一个特定的指标都是最佳的，往往对达到其中几个主要指标很有利，而且又可兼顾到其他指标，这就要求决策者运用决断理论。

决策者的素质对决策后果具有一定的影响。国外有所谓效用理论，是决策者对于利益和损失的独特看法、反应或兴趣，它代表了决策者对于风险的态度。效用理论认为，有三种类型的决策者：一是对利益的反应比较迟钝，而对损失的反应比较敏感，这是一种不求大利、怕担风险的决策者；二是对损失的反应比较迟钝，而对利益比较敏感，这是一种谋求大利、敢于冒险的决策者；三是完全按照损益值或期望值的高低来选择行动方案的决策者，这一类型的决策者处于前两类决策者之间。

7. 试验实证

当方案选定后，必须进行局部试验，以验证方案运行的可靠性，通常称之为“试点”，这是一个科学的步骤，但必须科学地进行才具有科学的意义。简单地随便找一个地方进行试验，固然不行，如给试点项目创造特殊的条件，让它得天独厚，以证明决策者的正确，更是错误的。被试验的点必须在全局情况下具有某些典型性条件，并严格按照决策的方案实施。同时，还必须有相同条件下的一般“对照组”才可能从比较中得出科学的结论。在某些情况下，甚至需要“盲试”，即在不公开的情况下进行试点，以避免各种人为主观因素的干扰。这样，如果试点成功，即可进入全面普遍实施阶段，如果不行那就必须反馈回去，进行决策修正。

8. 普遍实施

这是决策程序的最终阶段，由于通过上阶段的试验实证，可靠程度一般是较高的。但是，在实施过程中仍会发生这样那样的与目标偏离的情况。因此，加强反馈工作，要有一套追踪检查的办法，它应包括这三方面的内容：制定规章制度、用规章制度来衡量执行情况和随时纠正偏差。如果当主观条件发生重大变化，以致必须重新确定目标时，那就必须进行“追踪决策”。

七、模型方法

从根本意义上说，模型是人们在认识过程中所采取的一种思想方法，是一种认识的高度抽象和高度概括。建立模型不仅是科学研究中整理思路的有效方法，也是探索未知问题的必要的工作步骤和工作方法。建模除可以用数学方法外，还可以用绘图的方法，如框图、分析图、流程图、构思图等。实践证明：用模型与实际结合的方法研究问题，既可打开研究思路，也可集注意力于关键处，并能方便改变有关的参数，观察各种可能的状态及其变化趋势，从而迅速得出有价值的结论。

利用数学模型进行研究首先必须构造某个特定问题的表达式(数学公式或图式)，然后代入一串数据进行模型的“运转”。通过“运转”，观察模型所反映的特定问题的性质特征，从而对研究对象有一个深入的认识。在整个过程中，模型的表达式是关键。因为只有所建立的模型准确地反映了研究问题的实质，才能保证根据模型得出的研究结论具有意义。

英国规划学家麦克劳林指出：区域与城市存在着各种各样的关系，可谓包罗万象，数不胜数。对它们的各种变化及演变的趋势，可以用模型或模型组加以模拟。这就可以研究未来任何特定时间、特定条件下的城市及区域状况，也可研究整个城市的变化轨迹。

同时，在对极其复杂的区域与城市施加控制时，仅凭经验是不够的，必须借助模型的帮助。模型不但有助于规划的制定，同样它也有助于规划的实施。在对城市及区域实施规划的过程中，规划师经常要自问：如果批准或拒绝某项建设，城市或区域将会怎样发展？这就要求我们必须能够预测可能发生的情况对城市及区域产生的影响。否则，一旦事情发生，系统可能早已偏离预定的轨道，对其进行校正就显得为时已晚。由于模型可模拟城市的反应，所以它有助于规划师解决这类问题。

模型还能扩大规划师的经验和眼界，同时它也是一种预警器，告知人们何时需采取调整校正行动。借助模型的帮助，规划师能够对政府的各种政策或干预措施进行试验模拟，使城市及区域系统不致失控或偏离预定轨道。由于在模型设计中考虑了时间的变化，所以各种干预政策在近期、中期、远期对城市及区域所产生的不同效果，也可在模型中反映出来。

以城市模型为例，可将现代城市模型分成四类：描述性的、预测性的、探索性的和标准性的。描述性模型反映的是城市的实际状态；预测性模型旨在通过城市已有状态推知城市发展的未来状态；探索性模型旨在发现城市除目前状态之外的另一些逻辑上可能的状态，例如采取不同的产业政策、就业政策等将会对城市的发展产生什么样的后果等；标准性模型反映的则是城市的理想状态，如霍华德的“田园式城市”模型。

依据建立城市模型所运用的思维方式,可将它们分成静态的、动态的、决定性的和非决定性的四类。静态的城市模型一般采用线型代数的方法来探索城市空间中各类社会经济因素的相互作用关系;动态的城市模型采用动态的方法研究城市中各类积累变量在一定控制因素作用下的变化情况及通过反馈环形成的相互作用关系。另一方面,从因果关系的角度而言,决定性的模型遵循了严格决定论的思维模式。一定的原因必然产生一定的结果,而不是一组可能的结果,或一组具有一定"贴近度"的结果;非决定性模型则采用概率论和模糊论的方法加以建立,把城市中各因素的相互作用看作一种概率分布或随机分布,进而对城市发展作离散过程分析。

第二节　区域研究与区域规划的系统思想

一、系统思想提供的方法论原则

一般认为机械论是近代科学的主导思想,一般系统论则是现代科学的主导思想。机械论的方法论功能表现为简化论,而一般系统论的方法论功能表现为透视论。通常,把透视论称为系统方法。

按照系统论的创立者贝塔兰菲的观点,一般系统论的基本原理是关于等级秩序的原理。他指出:"等级秩序的一般理论显然将是一般系统论的主要支柱。"他认为宇宙是一个巨大的等级系统,那就是从基本粒子到原子核、原子、分子、高分子聚合物,再到细胞、有机体,以及直到超个体的组织;无论结构还是功能都有等级性;每一系统都有其特定结构和功能。

所谓等级秩序指的是系统的结构和功能的等级秩序,在现实性上结构和功能是不能截然分开的。实际上,结构是部分之秩序,功能是过程之秩序。换言之,结构是缓慢而漫长的过程,功能是迅速而简短的过程,因此结构和功能本质上是统一的。贝塔兰菲指出:"归根到底,结构(即部分的秩序)和功能(过程的秩序)也许完全是一回事,在物理世界中物质分解为能量的活动,而在生物世界中结构就是过程流的表现。"

根据等级秩序原理,一切研究对象都具有层次性。对象世界的层次性不是人为的和随意的,而是有其客观基础的。在物理世界中,基本单元的复合体构成较高系统,而它的分割可以导致次级系统。在有机世界中,系统的发展表现为这样一个规律:先是系统内部发生逐步分异,并伴随着逐步集中化;逐步分异又意味着逐步机械化,也就是逐步个体化;每一个体它的整体可调节性依赖于主导部分,而主导部分是在逐步集中化过程中产生的。这样,系统等级通过该系统的主导部分明显地表现出来。这在生物进化、胚胎发育、心理现象和社会发展中是普遍存在的。

从系统概念和等级秩序原理,可以得出一系列具体原则,即整体性、目的性、综合性、相关性和历时性原则。

1. 整体性原则

爱因斯坦为建立相对论从伽利略那里借来了相对性原理;相仿地,贝塔兰菲为建立一般系统论从亚里士多德那里借来了整体性原则:"整体大于部分之和"。这一原则与简化论正相反。

贝塔兰菲并非简单地重复这一被他称为半形而上学的命题,而是利用系统概念提供了定量地处理整体和部分关系的可能性。这里所说的整体,是指作为系统的整体,其中每一要素的变化依赖于所有其他要素。但是有些复合体可以由分段要素的堆积建立,反过来这些复合体的性质亦可分解成诸孤立要素的性质。这类复合体只具有加和性,不具有整体性,也就不是一般系统论所说的整体。只是在实际研究中有时把这种整体也当作系统的特殊状态处理而已。

整体性原则既反对认为整体可以简化为各组成部分的观点,又反对断开各组成部分去谈论整体的观点,它主张从各组成部分之间的相互关系中把握系统总体。

2. 目的性原则

目的性原则同机械论正相反。机械论试图以机械运动解释有关自然、社会和意识的一切问题。一般系统论则把目的概念引进一系列系统尤其是有机系统(即机器体系、生物界、社会系统、符号系统等)。有机体系的行为是由信息决定的,而系统的质量和能量只是作为信息的载体起作用。

目的性可分为静态目的性和动态目的性两种,前者表明事物排列的目的性,如动植物的适应性;后者则表明过程朝向某终极状态的指向性。因此,目的性亦可视为因果性的另一种解释。

根据目的性原则,系统的目的性可以用开放系统、反馈、信息等概念,以数理逻辑的形式表达出来。

3. 综合性原则

系统不是诸要素之堆砌,复杂系统也不是诸子系统的简单相加。系统中各部分之间彼此相互作用,而且它们之间的关系通常是非线性的。因此,在研究系统时必须从系统总体出发,将诸部分(或诸子部分)及其相互作用都综合起来,全面地加以研究,尤其在研究复杂大系统时,综合更是不可缺少的。

4. 相关性原则

一般系统论强调整体和部分、部分和部分、系统和环境之间的相互关系,但并不否定因果论和决定论,反而极大地丰富和发展了因果论和决定论。直到一般系统论为止的科学发展表明,现实的因果关系和决定关系包含着机械的、统计的、反馈的和模糊的这四种因果形式和决定形式。科学的发展和对相互作用的深入研究将继续加深人们对现实的因果关系和决定关系的认识,只是在一定意义上才能把相互作用视为终极原因。

5. 历时性原则

从本质上讲,现实的具体系统都是动态系统,该系统的状态特征决定于随时间变化的信息量,随着时间的推移,系统的结构、功能都发生变化,达到一定程度时,就发生旧系统的分解和新系统的建立。

历时性原则并不否定系统相对稳定和事物相对静止的可能性。它主张在系统的变化中把握系统的相对静止,把系统的相对静止看作系统运动的特殊状态。

总而言之,系统方法是结构方法、功能方法和历史方法的辩证统一。结构方法,是向内的研究方法,它可以揭示作为一个系统的统一体及其统一性保持不变(即尽管其组成部分发生变化,但其结构本身相对稳定)的情况下的系统内在规律。功能方法,是向外的研究方法,它把系统当作“黑箱”,以系统对环境的作用来研究系统的行为。历史方法,是基于时间单向性原理基础上的研究方法,它认为一切结构和功能都是历史的存在,从而揭示系统的结构形式和功能随时间变化的规律。因此,只有结构方法、功能方法和历史方法的有机统一才能完整地揭示系统的存在、发展和转化的规律。

二、系统思想与区域研究及区域规划

系统思想有助于在区域研究及规划过程的不同部分之间建立有机的联系，同时对于不同规划方案和不同建设项目所可能产生的影响也可进行深入的探讨。

英国规划学家麦克劳林认为：城市和区域规划实际上主要是了解和认识城市和区域系统。系统思想对规划研究所产生的最明显的影响就是将研究重点转向对城市和区域系统本身的研究。

系统思想所产生的作用之一是在从事区域研究和区域规划的各学科领域之间建立联系，使区域规划应用多种学科成果时有一个统一的前提和基础。它的另一作用是提供更高层次的理论体系的框架，麦克劳林认为：过去城市与区域规划缺少统一的中心理论，它始终是乌托邦主义、人道主义、公共卫生、城市设计、应用经济学、人文地理学等相互之间很少关联的学科组成的大杂烩。此外，系统思想也为区域规划提供了用以解决区域问题的具体的、可操作的系统方向，为编制科学、合理的区域规划奠定了基础。

三、系统方法在区域规划中的应用

1. 区域系统的组成

在制定区域规划方案过程中，往往会遇到一个问题，即如何将达到战略目标同解决战术问题合理地结合起来。在解决类似问题时，传统的预测方法和设计方法便暴露出它的弱点。因此，有必要使拟订和采纳方案的过程更趋客观。在这种条件下，区域规划中的系统方法应被看作是一种结构功能布局、预测和发展各种复杂体系的方法论基础，区域规划的各个对象就是一些这样的复杂体系。

区域规划实际上就是系统方法应用的过程，它的主要内容就是为了在对区域的自然、社会经济和工程技术方面的相互联系进行分析和综合的基础上建立区域的整体化模式，并且在考虑具体条件的情况下，规定其实施措施。

从系统的角度考虑，必须把区域规划的每一对象看成是地域规划的一个体系。一方面，这个体系是一个诸要素相互有联系的完整综合体；另一方面，它又是更高序列体系中可分解为序列更低的体系的一个要素。

在任何一个区域，子体系之间都有一定的相互联系，通过这种联系的性质、结构、次数、频率和稳定性就可以判定体系是复杂的还是简单的，是稳定的还是功能活跃的，是静态的还是动态的，是多结构的还是单一结构的。假如把区域看成是各个子体系相互作用的结果，那就可以更全面地研究区域布局的特征，并确定未来发展的抉择方案。系统地解决问题可以精确地形成关于研究对象的最重要概念、确定目标和任务并制定具体实施措施。

要对问题作系统解决，首先必须将作为复杂而庞大体系的研究对象从外部环境中划分出来，因为这个体系具有来自不同方面——自然、技术、社会等的形式多样的内外联系的特点。可以把区域看成是两种体系——自然体系和人文体系能动地相互作用而形成的，这两种体系又可各自分解为许多彼此相互作用的子体系：自然体系分解为地质体系和生态体系；人文体系分解为生产、城市建设、基础设施等子体系。整个规划体系功能作用的性质决定于子体系中的进程动态，同时也决定于子体系之间正向和逆反联系的强度。除了共同的功能作用之外,这些子体系同整个区域一样,与更高等级的体系经常相互发生作用。如区域人口分布体系既是区域的子体系,又是更高等级的全国人口分布体系的组成部分;区域的水力体系既是区域的子体系,同时又是更大的水域体系的一个要素,等等。

自然体系取决于更低序列的诸体系——水力地质子体系、高层大气子体系、水力子体系、生物子体系、岩石子体系等的相互作用。人文体系决定于下列三个子体系的相互作用:区域的地域生产综合体体系,是工业、农业、林业、科学和学术咨询服务、教育、社会文化服务等子体系相互作用的结果;人口分布体系,是住宅、服务业、文化游憩业等子体系相互作用的结果;基础设施体系,是交通运输、水利事业、能源、工程等子体系相互作用的结果。

在对一整套相互发生作用的子体系加以剖析并确定其功能作用的系统"界限"之后,就有实际可能去更加客观地着手研究每个子体系的所有可行的抉择方案。

在对区域规划对象作系统研究之前,必须拟订一个为解决问题而采取方案的"标准式"基本程序,这种标准式程序可象征性地输送到整个连续进行的程序之中。

2. 区域规划系统研究程序

(1) 问题的提出

理想效果与实现理想效果可能性之间的矛盾,可称之为问题存在的现状,而解决这种矛盾,则可视作是对问题所在有了把握。分析问题存在的现状是最重要的研究阶段之一,必须首先分析体系自然发展的现实状态和趋势,测定体系最优状态,并将问题存在现状作为对两种状态的比较结果。

问题揭示得当,就可以明确基本目标,恰当地揭示一个目标较之正确地选择一个体系更为重要。

(2) 目标的形成

作为一级目标,必须针对该区域的国民经济发展、城市建设、基础设施、生态环境保护和改善等战略任务,并根据规划区域的各项特殊任务来划分更为具体的目标。

目前,普遍采用的一种系统研究方法为绘制"目标树形序列图",即把正在形成的体系的总目标分解为隶属于该体系的表现为多等级的子体系总和,其中总目标是"树根",而实施总目标的子目标则是低等级的"树冠"。

以下为区域规划研究中典型的"目标树形序列图",这里列出区域发展中相互关联的三类主要目标——社会目标、经济目标和生态目标。

1.0 社会目标——确保区域居民的社会文化发展具有最高的速度;

1.1 扩大选择劳动就业地点,获得并提高劳动技能的可能;

1.1.1 提高劳动就业地点所采用的行业多样化和技能水平;

1.1.2 提高专业学校职业培训类型的多样化和水平;

1.1.3 提高抵达劳动就业地点和专业学校的交通便利程度;

1.2 提高居住地点的舒适程度;

1.2.1 提高居住条件舒适程度;

1.2.2 提高休息地点舒适程度;

1.2.3 改善卫生条件和建筑景观条件;

1.3 提高文化生活服务水平及其种类和形式的多样化;

1.3.1 提高服务业种类和形式的多样化;

1.3.2 提高为居民提供各种服务的能力;

1.3.3 缩短与服务业有关的交通时耗；
1.4 提高游憩服务水平；
1.4.1 提高游憩服务业的种类和形式多样化；
1.4.2 提高为居民提供各种休息地点的能力；
1.4.3 减少当地居民前往休息地点的乘车时耗。
2.0 经济目标——加速发展区域的国民经济综合体并提高其经济效益；
2.1 提高劳动力资源的使用效益；
2.1.1 满足城市国民经济各部门对劳动力资源的需求；
2.1.2 满足农村地区国民经济各部门对劳动力资源的需求；
2.1.3 提高劳动力资源适应劳动力吸引地区国民经济需求的程度；
2.2 提高物质和自然资源的使用效益；
2.2.1 改善工艺和经营协作化条件；
2.2.2 改善科研生产协作化条件；
2.2.3 提高土地利用的集约化水平；
2.3 提高各种基础设施的功能效益；
2.3.1 提高交通和工程技术等基础设施的利用效益；
2.3.2 提高游憩基础设施的功能效益；
2.3.3 提高居民文化生活服务基础设施的功能效益。
3.0 生态目标——保护生态平衡；
3.1 制止对自然环境人为的消极作用；
3.1.1 降低对自然环境的工艺基因污染程度；
3.1.2 降低对自然景观的人为物理负荷；
3.2 提高自然环境的复苏能力；
3.2.1 提高氧、水、生物量的再生能力；
3.2.2 保护珍贵而有示范性的自然综合体；
3.2.3 提高自然环境对人为负荷的稳定性。

在形成具体区域的发展目标过程中，必须遵循一定的条件：

隶属性——低等级目标隶属于较高等级的目标，它从较高等级目标中派生出来，又为达到较高等级目标提供保证；

可比性——具有同一规模和同一重要性的目标，处于“树形序列图”的同一水平；

充实性——子目标的全部总和决定最高等级的主要目标的内容；

相互配合性——在目标体系中，不能有相互排斥和相互隔绝的目标；

明确性——目标要具体、时间性强而有针对性；

现实性——从实际可能和资源的角度看具备达到目标的充分根据。

此外，目标可以有同等重要性(社会目标、生态目标和经济目标都处于最高等级)、相互促进性(如达到甲目标有助于提高乙目标的效益)和竞争性(在有限资源分配方面)。

3．资源分析

资源分析包括对自然条件、劳动力资源、物资资源和其他资源(追加和非追加资源)的分析，结合预测数据确定区域的资源供应情况。在此，同样需要对区域用地进行分析和综合评估。

4．基本问题的分析

这一程序是采纳方案全过程中不可分割的一部分。在该程序过程中，一方面要“揭示”

正在研究的这一体系以往的功能机制，另一方面要使必要的信息资料发挥结构作用，以便将来建立最优体系及其对功能的有效控制。

在该阶段中，还可以从既定目标和业已查明的资源角度出发，确定区域的经济容量、人口容量和再生产能力。

5．区域发展基本方向的形成

这里所指的是区域的经济、城建、基础设施、环境状况的基本发展方向，确定重要经济部门的基本比例关系、远期人口数、工业和农业生产等总指标。在这一阶段，基本目标和资源要事先进行协调。

一些在总体上表现为规范（旨在达到某一目标）和当前现状之间的差距的基本问题，是在全面分析区域的经济和自然环境现状及有待规划期间揭示其影响的趋势的基础上体现出来的。明确了主要问题就有可能拟定区域远期发展的基本方向。

预测经济发展的基本方向、自然环境的变迁（其中包括由于人为作用的环境变迁）时，不仅要估计形式多样的变化趋势，而且要以原定的发展目标为依据。这些目标按照现实条件，在本阶段中要使之具体化并加以核实。

预测工作的一项主要任务是：为保证产品的生产、推销和消费（用价值和实物表示）具有应有的规模，以及为实施既定的建设性措施而对原料、物资、工艺、动力、交通、劳力、财政、信息等资源的总需求加以评定。鉴于处理问题具有各种不同的条件，预测可以用若干种方案进行。预测指标的评估，以最大和最小概率值较为理想。

6．规划对象的结构功能分析

在资源分析、基本问题分析和区域的基本发展方向形成之后，在本阶段必须按业已形成的目标结构，划分基本的功能体系。在这些功能体系范围之内，还必须实施设计程序。

分析子体系及其所有的相互联系（子体系内部的和子体系之间的相互联系），一方面可以更合理地实施形成各种抉择方案的程序，另一方面可以核实正在设计中的体系范围，并再次明确已形成的目标。

有必要对区域用地进行结构功能分析。因为，作为区域规划对象的地区，应看作是对一定空间单元的经济、社会和自然环境进行综合布局的复杂体系，这一体系的所有要素发展和功能作用过程在时空上的合理协调和优化乃是编制区域规划的基本目标。因此，进行合理的地域规划布局，对于区域在社会经济方面的有效发展具有决定性的影响。

7．抉择方案的形成

形成抉择方案这一程序最好能与规划对象中业已查明的功能子体系相适应，这样就有可能根据既定目标更迅速、更合理地揭示最佳发展方案。这种方法应建立在预先拟订和优化更低等级的体系基础之上，并且必须估计和肯定更低等级的体系之间的所有重要联系，也就是说，在规划对象的统一地域体系范围内，要先对各个子体系，而后对其整个综合体的发展有顺序地形成抉择方案。

在任何一个体系中，每个子体系及其进一步优化的抉择方案的形成，都需要经常估计到其他两个子体系的目标和规定。对区域规划对象的完整构思要求对它的三个基本子体系如地域生产综合体子体系、人口分布子体系和环境子体系等都加以分析，这三个子体系都有一个统一的工程管线基础设施为其服务。

形成抉择方案的简易模式规定，每个基本子体系最少要编制三个原则性的发展方案（目标方案、采用传统方法的方案和采用外推法的方案)和一个或两个资源供应条件方面的分方案。

8. 抉择方案的试验和评估

必须从已形成的抉择方案中,预先精选出确实具有达标能力的方案,即根据相互"无冲突"的原则评估和精选各个子体系的发展方案,为此,要采用区域规划中常用的综合评估方法和用地功能分区方法。对经过挑选的抉择方案作进一步比较,可采用"消耗-效益"比较法,亦即按达到规划方案既定目标及其有关的单位消耗量极限标准进行。

9. 最佳方案的选择

采纳方案就是从大量抉择方案中挑选能达到既定目标的最好方案。可依据"评估"数学模型并在社会经济、规划、生态等综合评价基础上,对已形成的抉择方案进行各方面的(定性和定量)的评估和分析。对抉择方案的所有评估,基本上可分为效益评估和价值评估两类。许多对抉择方案的评估,既可通过建立专门模型,亦可通过收集和整理鉴定评语进行。

上述系统研究方法的各个程序和内容,在总体上都反映了区域规划编制的传统结构,许多程序都可同时进行,因为在编制任何一个规划方案的过程中,各种不同的方法和程序相互间通常都会不断地发生交叉作用。

本章提要:

本章论述的重点是区域研究和区域规划中的方法论,全面介绍了区域研究和区域规划中的各种分析方法,并深入阐述了区域研究与区域规划的系统思想、方法及其在区域规划中的应用。

参考文献

1. B·B·弗拉基米罗夫主编. 苏联区域规划设计手册. 北京:科学出版社,1991 年
2. 冯之浚. 决策科学化与软科学研究. 城市规划. 北京:《城市规划》编辑部,1987 年第 3 期
3. J·B·麦克劳林. 系统方法在城市和区域规划中的应用. 北京:中国建筑工业出版社,1988 年
4. 王发曾. 城镇体系分析实用方法与模型. 城市问题. 1990 年第 4 期. 北京:北京科学技术出版社,1990 ~
5. 中国自然辩证法研究会. 科学方法论研究. 北京:科学普及出版社,1983 年

第七章　区域规划的编制

第一节　区域规划工作进行的方式和编制程序

一、区域规划工作进行的方式

需要开展区域规划的地区有各种类型，但基本上可分为两种不同性质、特点的地区：一种是具有比较突出的国民经济部门的地区，如工业比较集中的地区、建设大型水电站的地区、重大的矿区、农业专业化地区等；另一种是按行政区划或经济区划全面考虑国民经济各部门综合发展的区域，省下地区或相当于地区范围大小的省下经济区与城市区域的规划较为普遍，其次是县区、省区或相当于县区、省区范围大小的经济区与城市区域。

由于省区、地区（市域）、县区这三级地域的关系较为密切，因此这里着重讨论有关这三级地区区域规划工作进行的方式。

一种方式是自上而下。就是先搞省区级的规划，再依次进行地区（市域）、县区级规划。这种进行方式的最大优点是整体性强，比较全面。因为这一步骤的特点是以大到小，从全体到局部，下一级的规划可以得到上一级规划的指导，有所依据，从而避免了片面性。但其缺点是不容易深入，因为在没有掌握下一级规划的资料时，上一级的规划就难以具体化，往往做得较粗。

比较易于着手的办法，还是从下而上地逐级进行。这种方式相对比较简单，可以依靠地方的力量，发挥地方规划的积极性。通过规划摸清情况，明确本地区的发展及建设方向，做到心中初步有底；同时也为上一级规划积累了丰富的资料，使上一级规划有了比较可靠的依据。但其最大的缺点是局部规划的局限性，使许多问题的考虑和解决有很大的片面性，很可能被上一级规划否定。

第三种规划工作进行的方式，即先中间（地区级、市级）后两头（省区级、县区级）。这种方式兼有上述两种方式的优点，但也同时存在他们的缺点。总之，无论采用哪一种方式，各级规划都是互相有关联的。上一级规划完成后，确定或校正了下一级规划的发展方向，而下一级规划完成后也补充了上一级规划的不足。这样反复修正，互相补充，使各级规划更臻于完善。各级规划虽然是分阶段完成，但却有反复修改的过程。

在条件允许的情况下，同时在相邻两级开展区域规划是一个较好的办法。因为相邻两级规划间的联系较为密切，同时进行，规划过程中的矛盾易于揭露，也易于解决，并取得一致。但是，这种方式进行的过程较为复杂，机构组织等较为庞大，人员也多，因此需要有极其严密的组织工作，加强统一领导，密切协作。

二、区域规划工作的编制程序

区域规划工作一般分两个阶段进行。第一阶段，拟定国民经济和社会发展的技术经济假定;第二阶段,根据有关领导机关研究后的技术经济假定,编制区域规划草案。

第一阶段的工作主要是汇集规划基础资料,掌握区域经济地理特征,明确工作中要研究解决的问题,根据中央和地方领导机关一致研究确定的关于本区经济和社会的发展战略,以及工农业生产的现有基础、资源(包括自然资源、经济资源和社会资源)、产业结构和建设条件,拟定国民经济和社会发展的技术经济假定。国民经济和社会发展的技术经济假定,由地方党政领导机关组织工业、交通、农林、水利、电力、城建、环保等各有关部门讨论研究报审后,即可作为编制区域规划草案的技术经济根据。

第二阶段的工作主要是进行现场踏勘和技术经济调查。要求掌握区域内城镇的经济现状和发展条件,查明适合于建设新工业、新城市和其他各项工程设施的用地面积、工程地质等建设条件,同时补充搜集有关技术经济和自然条件方面的资料;在现场踏勘和技术经济调查的基础上,根据国民经济和社会发展的技术经济假定,研究并提出工业、农业、交通运输、水利、能源、城镇、环保、风景区、建筑基地等专业规划草案;组织各专业规划单位协作配合,从发挥地区优势、发展本地区国民经济的整体利益出发,合理地解决各项专业规划之间的矛盾;在各项专业规划草案的基础上,进行综合平衡和技术经济论证,编制区域规划草案。

第二节　区域规划编制基础资料的搜集和应用

一、区域规划基础资料的搜集

规划基础资料的搜集,不是规划的目的,而是为了使规划建立在科学的可靠的基础上,防止工作中的主观片面性,从而提高规划成果的质量。

由于规划工作的极其繁杂性,因此对资料的要求也是很广泛的。但在规划实践中所运用到的资料有必要的和充分的两方面。掌握必要的规划基础资料是很重要的。

在规划的不同阶段,对所需要资料的要求也不同。在拟定国民经济和社会发展的技术经济假定阶段,必须掌握的基础资料有区域的自然条件及经济特点、经济性质及其发展方向,以此作为编制区域规划技术经济假定的依据。到了编制区域规划草案的阶段,则需要有较为深入细致的资料,以便足以作为规划设计的依据及其进行方案比较和技术经济论证之用。

任何一个阶段需要的资料,一般无法一次搜集齐全。因为情况在不断发展——新资源的发现,新工厂企业的建立,新交通线的开辟,工农业生产的进一步专业化和综合发展,物质基础的不断扩大、加强以及国家对本区域国民经济发展要求的变化,等等,这就需要我们经常不断地充实新资料,修正已经过了时的旧资料。另一方面,有些自然资料(如气象、水文等方面的资料)更需要长期的积累,这就说明资料工作经常化的必要性。

搜集资料还须从实际出发,视具体情况而定,贯彻因地制宜的原则。区域规划需用的资料有一般的要求,但不同性质特点的区域在规划过程中又各有特殊的要求,因此资料工作的地域特性也不容忽视。

总之,区域规划中的资料工作,具有其独特的广泛性、复杂性、阶段性、经常性和地域性。

资料搜集方法基本上有两种:一种是通过各种方式向有关方面了解情况,如发调查表格,访问有关人员,召开座谈会等;通过这些方式所获得的材料往往是第二手的,所以在必要时还采取另一种方法,那就是通过踏勘,从实地观察了解中对材料进行校核、修正和补充。

无论是采用什么办法，通过什么方式搜集资料。事先都要做好准备工作，先整理检查已经掌握的资料，然后提出拟搜集资料的提纲。

规划中所需要的资料，由有关的主管和专业部门负责供给，其对口分工如下：关于国民经济和工业企业技术经济指标的资料，由中央和地方的计划、工业、农业、交通、水利、电力等主管部门供给；关于矿产地质的资料，由中央和地方的地质部门供给；关于交通、水利、动力等各项工程建设的规划设计资料，分别由交通、水利、动力等各专业规划设计及其管理机构供给；关于地形、测量资料，由中央和地方的测绘局或有关的专业设计机构供给；关于城建和环保方面的资料由地方城建和环保部门提供。

二、区域规划基础资料的分析

区域规划的基础资料包括有四个方面的内容：现状资料、经济资料、发展规划或国民经济计划资料、自然资料。其详细内容主要有以下十四项：

1. 矿产资源的资料；
2. 工业现状及其发展规划的资料；
3. 农业(包括农林牧副渔)现状及其发展规划的资料；
4. 商业、金融、外贸、仓储的现状及其发展规划的资料；
5. 交通运输(包括铁路、公路、水运、管道、航空、邮电)现状及其发展规划的资料；
6. 水资源现状及水利综合利用和给水排水发展规划的资料；
7. 能源供应现状及其发展规划的资料；
8. 城镇居民点现状及其发展规划的资料；
9. 人口和劳动力的资料；
10. 建筑材料供应现状及其发展规划的资料；
11. 科技文教、卫生体育和休疗养事业现状及其发展规划的资料；
12. 地形地貌、水文、气象、工程地质、水文地质等自然地理的情况和特征的资料；
13. 区域环境条件与污染状况及环境保护规划措施的资料；
14. 地形测量资料。

资料工作的目的，既然是为规划提供依据，就必须根据规划的需要对资料进行详细的分析研究，揭露矛盾，提出问题。对于那些有利的条件应促其在规划中得到充分的利用，而对于那些不利的条件，则应想法加以限制，或在规划中进行定向的改造。总之，对资料的分析应包括两方面的任务：其一，进行资料的核实鉴定；其二，针对上述资料进行有系统的分析研究，作出各种分析图表。资料的分析工作是通过一系列的数字、表格、图纸和文字的描述进行的，它对规划实践有重大意义。

第三节　区域规划的编制方法

综合平衡，统一规划，进行多方案比较是区域规划的基本方法。综合平衡，统一规划，可使部门经济和地区经济有机地结合起来，将地区内国民经济各部分组成有机的整体，使国民经济有计划、按比例地发展。进行多方案比较，选择最优方案，是编制好区域规划，有利于加快建设步伐的一个重要措施，同时也是贯彻群众路线，集思广益，求得经济合理的规划方案的重要手段。

一、综合平衡、统一规划

1．综合平衡、统一规划的含义

(1) 说明生产与需要之间的相互适应(在数量和质量上)程度。它反映了国民经济各部门之间合理的比例关系，要求相互协调、平衡。这种关系通过国民经济的计划平衡表和国家宏观调控来实现。

(2) 要求国民经济各部门、各企业、每一个具体建设项目，在地域上的分布和具体建设地段的选择上，加强相互间的联系和密切配合。它反映了配置各物质要素的自然条件和工程技术措施的要求，意味着空间上的协调平衡，使各物质要素各得其所，有机联系。

(3) 建设进度和程序上的合理安排和密切配合。它不致使生产脱节，建设中断，而能尽快发挥投资效果，节约劳力、物力，以加速资金的周转。

2．综合平衡的具体内容

(1) 原材料的平衡。指资源分配，如来自工业的产品、矿产资源和农副产品等。根据各地区的经济特点，选择几种主要品种进行平衡。平衡的目的是为了研究各工业部门在本地区内最适宜的发展规模。

(2) 燃料的平衡。根据充分利用本地区资源的原则，以本地区燃料构成需要量为依据，研究本区燃料资源的余缺。各地提供的可能性和运输方式，拟定本区煤矿工业发展的规模和措施。尤其在有大型钢铁厂和大型火电站等用煤量大的地区，这项工作就特别重要。

(3) 电力的平衡。首先分析负荷的情况，计算电力需要总量，然后根据电力资源分布特点选择电源，研究供电方式，确定拟修建的电力系统工程。在水力资源丰富的地区，要优先开发水电，研究水、火、电的配合，水电站规模、建设进度和工业发展的结合等问题。

(4) 运输的平衡。根据工农业分布现状和远景发展，研究货运量增长和货流方向，配置运输方式，规划交通运输工程，确定各运输枢纽的通过能力，合理组织运输力量，避免造成不合理运输。

(5) 建筑材料的平衡。在重点建设地区，需要统一考虑建筑基地的规划，进行建筑材料的平衡。根据基本建设发展规模和进度，计算主要建筑材料需要量，确定建筑材料工业发展规模和区际调剂的大致数量。

(6) 水资源的平衡。根据水资源综合利用原则，以最少的投资为国民经济各有关方面(防洪、发电、灌溉、航运、工业和城市供水等)取得最大的经济效益。水资源平衡的主要内容是解决各用水部门用水量分配的矛盾和水利枢纽的规划。

(7) 劳动力的平衡。概略计算工业生产、基本建设和服务业所需劳动力的数量，研究可能由本区招收和由外区调剂的数量，计算全区人口发展规模，城乡人口的大致比例，并以此分析研究本区各项建设事业发展的可能性。

(8) 商品粮的平衡。根据规划中的城市人口规模，估算商品粮的需要量，研究本地区可能提供的数量和调出、调进商品粮的可能性，并以此进一步分析城市人口发展规模和速度的现实性。

二、多方案分析比较方法

区域规划编制通常采用技术经济论证、多方案分析比较的方法进行。技术经济论证包括技术和经济分析两方面，这两者之间是相互关联、相互制约的。每一方案技术经济论证的内容和重点，应由规划任务和当时的具体情况而定。通常，一般重大的技术经济问题都应该进行技术经济分析，从多方面论证每一方案的经济合理性与技术的先进适用性，并通过比较选择最优方案。

一般需要进行多方案比较分析的内容大致有下列几个方面：

1. 工业企业分布和不同配置方案的比较

内容包括：应该发展哪一些工业，数量多少，项目多少，规模多大，厂址选择方案的比较（从技术和经济方面）；工业区组合、性质、内容及其规模；开拓新工业区和调整现有工业区不同方案的比较；矿山基地的选择及其开发程序；交通运输组织；城镇居民区与工厂的相对位置等。

2. 资源综合利用的经济评价

内容包括：如何充分合理地利用资源，区内主要企业所需的大宗的原料、燃料中能综合利用的是否都加以综合利用，以及对工业副产品的利用，下脚废料的回收等；如何经济合理地利用资源，重要的资源是否利用到国民经济最急需的部门，如何在资源较缺乏的地区寻找新的资源、组织新的资源来源等。

3. 有关专业部门规划方面的技术经济分析

内容包括：对不同专业部门规划综合性矛盾的分析，如水利电力枢纽规划与其他部门规划的矛盾、利害关系；主要水利工程的综合经济效益分析；新建铁路线规划的技术经济分析等。

4. 土地合理利用及其经济评价

内容包括：土地的自然条件评价及其原有利用情况的合理性分析；国民经济各部门对用地要求及其初步分配利用方案的比较；节约工业和城镇居民点用地、扩大农业用地的措施及其经济效果的分析。

5. 区域环境质量的分析评估

内容包括：区域环境质量的现状情况，引起环境污染的原因、污染源的分布、危害程度等，区域环境质量发展变化的趋势，特别是区域经济开发后对区域环境产生的新影响，以及改善区域环境质量的方案和主要措施等。

技术经济论证的原则不能单纯地考虑技术经济条件，还要考虑政治因素，即应从政治上需要，经济上合理，技术上先进、适用，建设上可行和国防上安全等几个方面，全面地加以考虑。技术经济论证必须是综合性的分析，要从国民经济总的经济效果出发，全面考虑问题。要有全局观点，但也要注意不同部门的不同利益。最后方案的比较还必须根据先进的技术制定，采用先进的技术经济指标进行投资估算及其经济效果的分析；当然也应考虑到采用先进技术的现实性。

国外有采用称之为“体系分析与经济数学模型”的方法进行区域规划。他们把“区域”视作一个体系单元，试图运用生态学原理和数学方法，对体系内的各种因素、结构及其相互制约关系进行综合分析、数量计算。利用电子计算装置，对大量有关经济、自然的数学资料（有些是通过自动传输系统搜集）进行处理，在此基础上，编制各种体系单元的经济数学模型（最优模型），然后再应用这些模型编制、论证、选择各种规划方案，预测区域未来的发展。他们认为按最优方案如期发展各部门，实施各种客体的布局方案，就可以避免主观性。

60年代中期,前苏联科学院专门成立了工业生产经济组织研究所,在大量参加区域规划实际工作的同时,着重研究区域经济数学模型的编制工作。这种模型根据不同级别(范围)、特点(类型)的区域,分别研究编制,构成一套模型体系。

在西方,包括美国,为了反映区内外的经济联系,常常编制各种投入-产出模型,称之为投入-产出表。还有反映区域位置分布的所谓"重力与位势模型"等。作为区域分析与区域规划研究的方法。

第四节　区域规划成果的编制

一、区域规划说明书的编写

区域规划说明书是规划的主要文件。说明书的编写应根据规划任务、规划方案贯彻实施的要求,以及文件编制时的具体情况而定。一般为了便于领导机关审阅和有关部门参考,说明书往往分为三个部分编写:

1. 总体综合规划

这部分的主要内容是阐述区域的自然和经济条件;分析地区特点,说明本区域与周围地区的经济、社会联系及其在发展国民经济中的地位,提出规划依据,确定发展地区经济的原则;发展地区国民经济的有关控制指标以及规划具体内容上的综合简要说明等,对规划地区的范围、面积和确定地区界线的根据,行政区划、人口、民族等也要作概括说明。

2. 分专业"条条"规划

分专业编写,简要说明各专业规划的一般情况和特点;规划的依据、原则;规划的主要意图和具体内容等。包括的专业一般有:工业、农业、商贸金融、仓储、交通运输、水利和给排水、能源供应、城镇及居民点、建筑基地、科技、文教、卫生、体育事业及风景区、休疗养区的规划等。

除了上述的主要内容外,还可以在说明书中附有必要的附件,例如对实现规划方案的必要措施的建议,资源综合利用的建议等。

说明书的编写,应力求简明确切,必要时可附缩图或照片,引用的基础资料应注明资料来源。编写规划说明书时,应同时编写一份简明提要,主要供领导机关审阅参考。

二、制图

区域规划图纸,一般包括下列内容:

1.规划地区位置图(比例尺1:300000或1:500000),主要标明规划地区的经济地理位置,与附近地区主要的经济联系。

2.土地使用现状图(比例尺1:50000或1:100000),主要标明现有和正在建设的城市、县镇,工矿区、乡村、集镇、农林牧副渔用地、风景区、休疗养区及其他专门用地的位置和范围;大中型工矿企业、电站、高压线路、铁路、公路、站场、港口码头、机场等的位置。

3.矿产资源分布图(比例尺1:50000或1:100000),主要标明各种矿产资源的分布位置、矿区范围、现有和规划的矿井与开采场的位置。

4.区域规划总图(比例尺1:50000或1:100000),主要标明区域内的城市、县镇,工矿区及乡村、集镇、农林牧副渔地区,大中型工矿企业、铁路和公路的线路与站场、港口码头、机场、电站、高压线路，供水水源及灌溉干渠、排水口，防洪工程，建筑基地，商业、仓储，科技、文教、卫生、体育设施及风景区、休养区等的规划方案。

5.农业分布规划草图(比例尺1:50000或1:100000)，主要标明重要农作物的分布地区、国营农场、大型农业设施、大片菜地、果园、林区、防护林、牧区、渔区、水库及灌溉渠道、乡村、集镇等的规划方案。

6.专业规划综合草图(比例尺1:50000或1:100000)，主要标明交通运输系统、水利及供排水系统、动力系统的规划方案及其主要工程的位置。

7.重要城镇及工矿区规划草图(比例尺1:5000，1:10000或1:25000)，主要标明各个城镇和工矿区的工业企业、铁路线和站场、港口码头、机场、仓库、居住用地及主要干道规划方案。

8.区域环境质量现状评价图(比例尺1:50000或1:100000)，主要标明各城镇及工矿区污染源的性质，分布的位置及污染的范围和程度；河湖水系分布情况，取水口及排水口的位置以及水体被污染的程度；地下水的分布情况、流向及其被污染的程度等。

图纸的内容和张数，可根据地区的具体情况和需要予以增删或合并。图纸采用的比例尺应根据规划地区的大小，各种图纸拟表现的内容，以及提供图纸的可能性等具体情况和需要而定。

本章提要：

本章较为详细地介绍了区域规划的编制，首先介绍了区域规划编制工作的方式和程序，以及区域规划编制过程中有关基础资料的搜集和分析应用，并提出区域规划编制的基本技术方法。本章的最后介绍了区域规划编制成果的有关内容和要求。

参考文献

重庆建筑工程学院，同济大学合编．区域规划概论．北京：中国建筑工业出版社，1984年